全国水文勘测技能培训仪器类教材

流速流量与泥沙测验仪器

主编 李帆

中国水利水电出版社
www.waterpub.com.cn
·北京·

内 容 提 要

本教材是《全国水文勘测技能培训仪器类教材》的其中一本。本教材全面介绍了水文勘测中的流速流量与泥沙测验工作中广泛使用的仪器，涵盖了转子式流速仪、浮标、超声波流量计、声学多普勒流速仪、电波流速仪、悬移质泥沙测验仪器、推移质和床沙采样器、激光粒度分析仪等多种仪器的工作原理、结构特点、适用环境、安装使用以及维护校准方法。本书还介绍了流速、流量与泥沙测验仪器的发展历程，以及各种仪器在不同水文条件下的应用选择。填补国内系统介绍水文测验仪器方面的空白，提供一套全面、系统、实用的学习资料。通过对这些仪器的深入分析，希望本书可以为水文工作者在实际工作中选择合适的测验仪器提供科学依据和操作指南，以确保水文数据的准确性和可靠性。

本书可作为水文系统基层职工培训教材，也可供水文、水利、水电、航运及水环境等领域的教学、科研、设计与工程管理人员使用参考。

图书在版编目（CIP）数据

流速流量与泥沙测验仪器 / 李帆主编. -- 北京：中国水利水电出版社，2024.11. --（全国水文勘测技能培训仪器类教材）. -- ISBN 978-7-5226-2983-4

Ⅰ. P332.4；TV149.1

中国国家版本馆CIP数据核字第2024TW9308号

书　名	全国水文勘测技能培训仪器类教材 **流速流量与泥沙测验仪器** LIUSU LIULIANG YU NISHA CEYAN YIQI
作　者	主编　李帆
出版发行	中国水利水电出版社 （北京市海淀区玉渊潭南路1号D座　100038） 网址：www.waterpub.com.cn E-mail：sales@mwr.gov.cn 电话：（010）68545888（营销中心）
经　售	北京科水图书销售有限公司 电话：（010）68545874、63202643 全国各地新华书店和相关出版物销售网点
排　版	中国水利水电出版社微机排版中心
印　刷	天津嘉恒印务有限公司
规　格	184mm×260mm　16开本　9印张　219千字
版　次	2024年11月第1版　2024年11月第1次印刷
印　数	0001—2000册
定　价	**38.00元**

凡购买我社图书，如有缺页、倒页、脱页的，本社营销中心负责调换

版权所有·侵权必究

序

作为基础，水文测验在水利高质量发展过程中起着至关重要的作用。准确、及时、系统的水文数据在防汛抗旱、水资源管理、水生态治理与保护等水利业务和管理中不可或缺，同时也为全社会科研及其他涉水工作和活动提供了安全可靠的支撑与保障。随着水利智能化、数字化的快速发展，雨水情监测预报"三道防线"和"四预"等新理念、新要求的提出，传统的技术手段已不能满足需求，迫切需要我们提升水文测验的技术和能力。

为了响应这一需求，我们编写了这套全国水文勘测技能培训仪器类教材。教材共分四个分册，分别关注水位水深测量、流速流量与泥沙测验、降水蒸发观测、地下水与水环境观测所涉及的主要仪器设备。旨在针对水文测验仪器领域从专业性、系统性和可操作性方面填补国内空白，提供一套全面、系统、实用的学习资料，以提高从业人员的专业水平和实践能力。

这套教材的编写具有开创性意义，不仅是国内首套系统介绍水文测验仪器的教材，还在内容的广度和深度上进行了积极探索。每个分册的内容基于相同的框架体系，涵盖了各类水文测验仪器的基本原理、分类、安装使用、维护保养以及常见故障分析与处理等方面。这些内容不仅为水文测验工作者提供了一份详尽的操作手册，更重要的是，可帮助操作人员深入理解仪器的工作原理，从而有效控制测验质量，提升工作效率。同时，这套教材也为水文管理单位和科研机构提供了宝贵的参考。

本套教材是水利部信息中心（水利部水文水资源监测预报中心）为强化全国水文勘测技能人才培养精心组织，由扬州大学水利科学与工程学院牵头编写，水利部南京水利水文自动化研究所参与，并且得到多家流域和省（市）水文部门的大力支持。在编写过程中，我们进行了深入的需求调研和分析，制定了各分册的教材大纲，经过了多轮专家的严格评审，确保了教材的科学性和实用性。

我们相信，这套教材的出版，将对提高我国水文测验技术水平，促进水文测验工作的规范化和科学化起到积极的推动作用。同时，我们也期待广大读者在使用这套教材的过程中，提出宝贵的意见和建议，以便我们在后续的修订工作中，不断改进和完善教材内容。

最后，衷心感谢所有参与本套教材编写和评审工作的专家学者，以及所有支持和帮助过我们的单位和个人。

编者

2024 年 10 月

前　言

　　水文工作是保障国家水安全、促进水资源可持续利用的关键，对防洪减灾、生态保护、经济发展和科技进步具有重要支撑作用。它通过现代化监测和科学管理，为实现水利现代化和经济社会可持续发展提供坚实基础。随着科技的不断进步，水文工作中所使用的各类仪器设备也在不断更新与发展。本书编写的初衷是为了提高水文职工的专业素养和操作技能，以确保水文监测数据的准确性和可靠性。

　　本书是全国水文勘测技能培训仪器类教材中的重要组成部分。该套丛书共四册，分别涵盖了水位水深测量、流量与泥沙测验、降水蒸发观测以及地下水与水环境观测过程中使用的各类仪器。每一册都系统地介绍了相关领域的基本理论、仪器设备的结构与原理、操作方法以及维护与校准技巧，旨在为水文职工提供全面、实用的参考资料。

　　《流速流量与泥沙测验仪器》重点介绍了在水文监测中广泛应用的各类流量与泥沙测量设备，包括转子式流速仪、浮标、超声波流量计、声学多普勒流速仪、电波流速仪、悬移质泥沙测验仪器、推移质和床沙采样器、激光粒度分析仪。书中详细阐述了这些常用仪器的工作原理、操作步骤、数据处理方法以及常见问题的解决方案。

　　本书的编写秉承理论与实践相结合的原则，力求内容翔实、条理清晰，既适合水文专业的初学者作为入门教材，也为有一定基础的职工提供深入学习和技能提升的资源。通过系统的学习，读者将能够熟练掌握流量泥沙测验仪器的使用方法，提高水文监测工作的效率和数据的准确性。

　　本书主编李帆为扬州大学水利科学与工程学院副教授，硕士生导师，本科、硕士毕业于河海大学水文与水资源工程专业，博士毕业于荷兰代尔夫特理工大学，长期从事水信息采集与处理的本科教学、科研和科技服务、行业人员继续教育工作。参与本书编写的人员有王景才、蒋晓蕾、张亚、史占红、张建新、张海翎、陈松生、宋政峰、蔡斯龙、胡尊乐、蒋东进、夏群超、李薇、穆禹含、邓山等。

　　在此，感谢所有参与本书编写和审核的专家学者，以及在实际水文监测工作中积累了丰富经验的同行们。你们的宝贵意见和辛勤付出，使本书得以顺利完成。希望本书能够得到广大读者的认可与应用，能够成为广大水文职工提升专业技能的重要工具，为我国水资源管理与环境保护事业的发展贡献力量。

编者

2024 年 9 月

目 录

序

前言

第1章　绪论 ··· 1
　1.1　流速、流量与泥沙测验方法 ··· 1
　1.2　流速、流量与泥沙测验仪器 ··· 3
　1.3　流速、流量与泥沙测验仪器的发展 ·· 5

第2章　转子式流速仪 ··· 9
　2.1　工作原理及仪器结构 ·· 9
　2.2　适用的水文环境 ·· 20
　2.3　安装与使用 ·· 22
　2.4　维护与校准 ·· 26
　2.5　常见故障分析与处理 ·· 30
　思考题 ··· 31

第3章　浮标 ··· 32
　3.1　工作原理与仪器结构 ·· 32
　3.2　适用的水文环境 ·· 39
　3.3　浮标测速方法 ·· 39
　3.4　成果检查和误差控制 ·· 41
　思考题 ··· 42

第4章　超声波流量计 ··· 43
　4.1　工作原理及仪器结构 ·· 43
　4.2　适用的水文环境 ·· 49
　4.3　安装与使用 ·· 50
　4.4　维护与校准 ·· 50
　4.5　故障分析与处理 ·· 51
　思考题 ··· 52

第5章　声学多普勒流速仪 ··· 53
　5.1　工作原理及仪器结构 ·· 53
　5.2　性能与适用条件 ·· 58
　5.3　安装与使用 ·· 58

5.4 维护与校准	63
思考题	64

第6章 电波流速仪 — 66

6.1 工作原理及仪器结构	66
6.2 适用的水文环境	70
6.3 安装与使用	74
6.4 维护与校准	79
6.5 故障分析与处理	81
6.6 应用案例	81
思考题	83

第7章 悬移质泥沙测验仪器 — 84

7.1 概述	84
7.2 适用的水文环境	101
7.3 安装与使用	102
7.4 维护与校准	106
7.5 故障分析与处理	107
7.6 应用案例	110
思考题	114

第8章 推移质、床沙采样器 — 115

8.1 工作原理及仪器结构	115
8.2 适用的水文环境	121
8.3 安装与使用	121
思考题	122

第9章 激光粒度分析仪 — 123

9.1 工作原理及仪器构造	124
9.2 仪器设备及要求	126
9.3 仪器使用	126
9.4 仪器校准与参数率定	128
9.5 故障与处理	129
思考题	129

附录A 流量测验仪器的选择 — 130

A.1 一般要求	130
A.2 各种测流方案的适用情况与可选用的仪器设备	131

主要参考文献	133

第 1 章　绪　　论

径流过程和河势演变是反映河流水文情势的重要信息，及时、准确、高效地获取流量和泥沙等信息，是水文测验工作的重要组成部分，需要使用相关的仪器设备。

中国幅员辽阔，江河众多，地形上由西向东跨越三大阶梯，气候上由南向北涉及了热带、亚热带和温带三大气候带。不同的地形与气候条件造就了千差万别的水文情态。要在不同的水文情态、测验条件下针对不同的水文服务或研究需求去获取水文资料，也需要不同的测验方案与方法，由此对应不同的仪器设备的选用。期望获得足够的、可靠的流量等水文要素实测资料，恰当地选用合适的仪器就显得特别重要。随着现代科技快速和变革性的发展，新的量测技术不断涌现，测流测沙仪器的种类和型式随之有了很多、很大的变化，在线监测也成为了可能。

1.1　流速、流量与泥沙测验方法

同一水文要素因为所在环境不同，其测验方法可能会有不同，即使方法相同也因观测条件有别而采用不同类型的仪器，所以水文测验中的仪器运用有着较丰富的呈现。

1.1.1　流量测验方法

流量测验方法包括流速面积法、水力学法、化学法和直接法。实测流量资料主要用于测站建立水位流量关系、计算各期与全年径流量、掌握洪水变化过程和进行降雨径流对照，为水文预报、水资源调度、水资源调查评价、水文分析计算、水利规划、水利过程设计、水环境治理等提供支撑。

1. 流速面积法

流速面积法是流量测量中应用最广泛的方法。流速面积法的原理是测出过水断面面积，再测出此过水断面上的流速分布或测量断面上的代表流速，再推算断面平均流速，计算断面流量。或者将过水断面分段，确定各部分断面上的平均流速和相应的部分面积，计算部分流量，合计各部分流量得到断面的总流量。流速面积法测流的前提就是流速的测量，可使用的流速仪种类多样。

2. 水力学法

（1）堰槽测流（量水建筑物测流）。在渠道或河道上专门修建的测量流量的水工建筑物叫量水建筑物，大家普遍称之为测流堰槽。其按水力学原理设计，构筑物建造稳固，结构尺寸易于准确控制，其流量系数长期稳定，测量精度高。应用条件合适的测站，大部分时间里水流处于缓流状态，弗劳德数不大于 0.5，行近槽段内的水流平顺、河槽断面规则、流速分布对称，测流精度有保证，在遇到洪水等短时特殊情况下，可采用其他应急测流措施来应对，这种方法在国外应用比较多，尤其是小河站。常用的量水建筑物主要有两大类：一类为测流堰，包括薄壁堰、三角形剖面堰、宽顶堰等；另一类为测流槽，包括文德里槽、驻波水槽、自由溢流槽、巴歇尔槽和孙奈利槽等。该方法是通过观测上下游水位来计算流量的，因此所使用的仪器就是各类水位仪器。

(2) 水工建筑物测流。河流上修建的各种形式的水工建筑物，如堰坝、水闸、涵道、水电站、泵站等，不但是控制与调节江、河、湖、库、渠水量的水工建筑物，条件良好的也可用作水文测验的测流建筑物。只要根据结构类型、流态类型合理选择有关水力学公式和经验系数，通过观测水位或水力机械的工作参数就可以计算求得流量。利用水工建筑物进行流量测验，需要进行有关经验系数的率定，有时也可以通过模型试验获得。

(3) 比降面积法。比降面积法是指通过实测、调查或估算测验河段的水面比降、糙率和断面面积等水力要素，用水力学公式来推求流量的方法。比降面积法是洪水调查估算洪峰流量的重要方法，一般通过洪水痕迹的考证测量来计算比降，主要用到的是测绘仪器。

3. 化学法

化学法是通过在测验河段的上断面将已知一定浓度的指示剂注入河中，在下游取样断面测定稀释后的指示剂浓度，由于经水流掺混后的指示剂浓度与流速成反比，由此可以推算流量大小。化学法不需要测量断面与流速、野外工作量小、测流历时短。但该方法在大江大河和湖泊的流量测验中并不适用，主要适用于山区乱石壅塞、水流湍急的河流以及水电站管道的流量测验。

4. 直接法

直接法是指直接测量流过某断面水体的体积或重量的方法。直接法原理简单，精度高，但基本上用于管道流量计的检定，极少量地用于流量不大的山涧小沟和水文实验测流。

1.1.2 泥沙测验的方法

泥沙测验主要包括悬移质输沙率、推移质输沙率、床沙测验以及泥沙颗粒分析。用以统计输沙率、输沙量、悬移质泥沙组成、推移质运动、河床组成变化等，为流域水土流失情况、河流冲淤、河势演变等的研究提供支撑。

1. 悬移质输沙率

悬移质输沙率并不能直接测量，而是需要通过实测含沙量与流量计算得到。其中含沙量的测验方式主要分为两种：一种方法是通过采样仪器进行水样采集，然后拿到实验室进行水样处理。水样的采集方式主要有选点法、积深法和混合法。选点法既可以选用瞬时式采样器也可以使用积时式采样器；而积深法需要使用积时式采样器；混合法又分垂线混合法和断面混合法垂线混合法是单点采样的混合，断面混合则是垂线单点或垂线积深样的再混合。另一种方法是使用测沙仪对测点进行悬移质含沙量的测量，包括各种物理原理的测沙仪。

2. 推移质输沙率

推移质输沙率是通过测量推移质泥沙在一定时间内的输沙量估算而来的，输沙量测验方法主要有器测法、坑测法、沙波法、体积法等。器测法是指应用推移质泥沙采样器测量推移质的方法。坑测法是在天然河床上设置测坑或埋入槽型采样器测取推移质的一种方法，目前有认为这种方法是直接测定推移质输沙率最准确的方法，但它挖坑或埋槽也被指明显破坏了水流自然运动状态。沙波法是通过施测水下地形以了解沙波的尺寸和运动速度，进而求得沙土的输沙率，它不适用于粗大推移质。体积法主要用于水库和湖泊，实际上是采用水下地形测量计算淤积变化量，推求汇入湖库的推移质总量。

3. 床沙测验方法

床沙测验方法有器测法、试坑法、网格法、面块法、横断面法等。器测法主要用于床沙采样，其他方法主要用于无裸露的洲滩采样。

4. 泥沙颗粒分析

泥沙颗粒分析方法可分为直接测量法和水分析法两类，其中直接测量法中有使用量具的尺量法和使用分析筛的筛分析法，而水分析法中有激光法和沉降法。激光法是指使用激光粒度分析仪进行颗粒分析的方法，它不需要颗粒沉降机制参与，是比较直接的仪器测定方法；沉降法需借用沉降机制或者分离措施进行测量，具体又分为粒径计法、吸管法、消光法和离心沉降法等，其中吸管法也叫作移液管法。

1.2 流速、流量与泥沙测验仪器

1.2.1 流速测量仪器

不同于降水量、蒸发量和水位等水文要素，流量一般无法直接测量。无论站网观测还是水文调查，实测流量资料都是计算得到的，完整的流量系列资料则主要由整编形成。流速、水深、单位宽度等各种数据，是流量成果资料的初始来源。在广泛的水文生产中，实测流量无一不是依据流速面积法，即通过测量流速来计算断面流量的方法。即使视频图像法等极少见的方法，也都是流速面积法的具体应用。因此，流速仪是站网观测和水文调查的生产活动中唯一的测流仪器，只是它从过去单指转子式流速仪已经扩大到包括多普勒流速剖面仪（Acoustic Doppler Current Profiler，ADCP）、电波流速仪等各种流速测流仪器，有的除了测量流速还兼有测量水深和单位宽度的功能。水文测验实际工作中，根据测报方案的不同，有垂线施测、走航施测等的区别，以及选点法施测、积深法施测、全剖面施测等的区别，这些方式各异的测验活动对仪器的选择和运用也是各有区别。

（1）转子式流速仪。目前使用最为广泛的固定测点流速测量仪器，分为旋桨式与旋杯式两种，通过记录转子转动速度来反映水流速度的一种仪器，可放置于水下任意一点进行流速测量。

（2）声学流速仪。这类仪器利用声波在水中的传播来测量水中各点或某一剖面水流速度。过去仅有一组换能器为基本型式的时差法或频差法超声波测流装置，所以也被称为超声波流速仪，随着多普勒测流技术的出现，包括固定式、走航式测流仪器，都归入声学流速仪。

（3）电磁流速仪。电磁流速仪是基于法拉第电磁感应定律研制而成的，电磁流速仪（装置）可分为测量单点流速的和断面平均流速的两类。有些电磁流速仪不仅可以测量流速还可以测量流向。这种仪器的精度不及转子式流速仪，它的重要特点是抗污染性能强，主要用于严重污染的水体，在常规水文生产活动中没有使用。

（4）压力式流速仪。压力式流速仪，也就是毕托管，是根据动水和静水的压力差来计算测点流速的一种流速仪，这种流速仪主要用于实验室中水流速度的测量，受环境条件的限制，无法在天然河道中应用。

（5）测流浮标。测流浮标有水面浮标、深水浮标和浮杆等多种形式，通过观测浮标在一定流线长度上的漂移的时间，计算浮标速度和断面虚流量，再利用浮标系数折算出实际流量。相对于水面浮标只能测量表面流速的缺陷，深水浮标和浮杆对垂线流速的代表和响应会更好，但自然河流的水深、断面形状不可能一直维持不变，深水浮标和浮杆的垂线代表性是变化的，浮标系数的影响因素也比水面浮标要复杂，而且这两种浮标制作要求高，对入水深度控制不易掌握，因此极少使用。

（6）电波流速仪。电波流速仪是一种利用水面对声波反射作用的测速仪器，其计算流量的方法与浮标法相同。仪器不需要接触水体，测流作业速度快，高流速下测速精度和抗环境因素干扰的性能相对较好，很适合桥测、巡测以及应急监测时使用。

（7）光学流速仪。光学流速仪是利用光波测量原理进行水面流速测量的仪器，目前基本以红外激光为光源并进行信号调制，现有产品也以激光流速仪的名称出现。激光流速仪的测流机理和电波流速仪类似，但由于自然条件下光照的物理特点，主要用于室内水力实验的水流速度测量，不适用于天然河流。

（8）图像测流仪。利用照片图像和视频图像解析进行流速解析计算的设备与装置。图像测流需要有平面参照点，可以是专门的测量标志，也可以是地物。在早期，仅是利用航空摄影手段测定水面的浮标（或漂浮物）位置，解析流线长度，解析流速并推算流量，其原理与浮标法类似，但只适用大江大河或者分洪纳洪等大尺度水域，历史上将这种技术方法单独定名为航空摄影法。近几年，监控视频分析技术在诸多领域开始得到利用，在浮冰期测流上也有了试验性研究性的应用。

（9）流速剖面仪。过去各种流速仪测量的几乎都是单点流速，即使超声波测流得到的也只是一个综合的平均流速，声程上的流速分布不能得到反映，不同区段流速大小不同对平均结果的影响无从了解。现在多普勒流速剖面仪（ADCP）可以测量并提供声程上的流速分布。根据仪器工作模式不同，分走航 ADCP、固定的水平式的 H-ADCP、固定坐底的垂式的 V-ADCP。走航 ADCP 同时测量水深和航迹长度，能够得到流速的断面分布与断面流量。

1.2.2 泥沙测验的仪器

1. 悬移质采样器

悬移质采样器分为两种：一种是瞬时式采样器，另一种是积时式采样器。瞬时式采样器有拉式横式采样器、锤击式横式采样器和遥控横式采样器等；积时式采样器有瓶式采样器、调压式采样器与皮囊式采样器等。

2. 现场测沙仪

现场测沙仪按照原理的区别，分为光电测沙仪、超声波测沙仪、同位素测沙仪和振动测沙仪。

3. 推移质采样器

推移质泥沙测验仪器测法涉及采样器。应用推移质采样器测量推移质的器测法，其采样器一般分为网式采样器和压差式采样器。

4. 床沙采样器

床沙测验中仪器测法涉及采样设备，其他试坑法、网格法、面块法、横断面法等则属于现场勘察。床沙采样器按结构形式可分为圆柱采样器、管式戽斗采样器、横管式采样器、挖斗式采样器、芯式采样器和犁式采样器等，按操作方式可分为手持式采样器、轻型远距离操纵采样器和远距离机械操纵采样器。

5. 泥沙颗粒分析仪器

直接测量法中，尺量法对应多种规格的量具，筛分法则对应多种孔径的分析筛。

水分析法中使用的激光粒度分析仪，其本来用途是均匀物质的粒径测量，主要用于颗粒物质产品的研制和生产检验，例如对化妆品、涂料、商品粉末等进行颗粒分析。由于其也能反映不同粒径的所含比例，因此也多有被借用到水文测验中。不过，并不是所有的激光粒度分析仪在水文测验应用上都能得到比较好的测量结果，具体要看仪器对非均匀颗粒大小及组成测量反应的性能，在引进设备时要注意正确选择。

沉降法中的粒径计法使用粒径计分析泥沙颗粒级配；吸管法则使用吸管或移液管，以及量筒、搅拌棒、盛沙杯、温度计和烘箱等器具设备；消光法使用的是光电颗分仪；离心沉降法需要使用离心沉降颗粒分析仪。

1.3 流速、流量与泥沙测验仪器的发展

1.3.1 流速、流量测验仪器的发展

流量测验在水文测验中占有重要地位，但也是比较复杂的观测项目。河流流量（Q，m³/s）可以表示为流速（V，m/s）与过水断面面积（A，m²）的乘积，即 $Q=V\times A$，但这一现在看起来非常简单的关系，在水文学史上却经历了很长一段时间才被确定并被普遍接受。这一概念最早是在公元100年左右，由古希腊的数学家、机械学家亚历山大城的希罗（Heron of Alexandria）提出的。但在当时，流量的概念采用的是维特鲁威（Vitruvius，古罗马建筑师、工程师，首次描述了水文循环过程）和弗龙蒂努斯（Froontinus，罗马的水事工程主管）所支持的观点，即可以只通过测量水流的断面面积或者测量过水的孔口或管道面积来计算流量，而忽视了流速的作用。直到被誉为"现代科学摇篮"的17世纪，希罗关于流量的概念才被重新重视。1628年，意大利的科学家贝内代托·卡斯特利（Benedetto Castelli）在其著作《水流的测量》（*Della Misura dell'Acque Correnti*）中明确解释了水流的流量和流速之间的关系。这或许是流速面积法最早起源，也意味着流速测量概念的初步建立，可以说流速测量仪器具由此催生。随着社会发展与生产力水平的提高，人类对流量数据的要求也越来越高，利用各种仪器进行流速测量，并计算精确的流量的方法才开始被广泛应用。

1610年意大利内科医生桑托里奥（Santorio）制造出了最早的测流仪，该仪器只能测量水流对薄片的冲击力，而不能转换成流速。1676年，法国物理学家埃德姆·马略特（Edme Mariotte）采用蜡球作为浮标测定明渠水流的流速。1683年，罗伯特·胡克（Robert Hooke）设计出第一台转子式流速仪。1790年，德国研制了世界上首台旋桨式流速仪用于河渠测流。1863年，亨利（Henry）设计了旋杯式流速仪，1882年普莱斯（Price）对之加以改进，成为美国常规水文测验中使用的流速仪。之后，转子式流速仪不断得到改进，沿用至今。

转子式流速仪是一种装有转子的量测流速的仪器，反映其传感部所在流层的流体速度。它是我国流量测验中广泛使用的常规测速仪器，生产制造历史悠久。我国在1943年仿制了美国普莱斯旋杯式流速仪，经过多年的使用和不断改进，于1961年定型为LS68型旋杯式流速仪。LS为流速汉语拼音首字母，68为流速仪转子特征参数，水力螺距为b。在此基础上，又研制了LS78型旋杯式低流速仪和LS45型旋杯式浅水低流速仪。这3种仪器组成我国水文测验中的旋杯式系列流速仪，主要用于中、低流速测量。另外，为适应我国河流流速高、含沙量大，水草漂浮物多的特性，我国在1956年仿制苏联旋桨式流速仪，经改进后，定名为LS25-1型旋桨式流速仪；之后又研制了适应高流速、高含沙量的流速仪LS25-3型、LS20B型旋桨式流速仪等。在此期间，为满足水利调查、农田灌溉、小型泵站、大型水电站的装机效率试验，以及环保污水监测的需要，我国还陆续研制了LS10型、LS1206B型旋桨式流速仪。我国国产转子式流速仪的简要性能见表1.1。

表1.1　　　　　　　　　　　国产转子式流速仪性能简表

类型	仪器型号	转子直径 D/mm	最小水深 H/m	起转速度* v_0/(m/s)	测速范围* v/(m/s)	水力螺距 b/m
旋杯式	LS68	128	0.15	0.08	0.2～3.5	0.670～0.690
	LS78	128	0.15	0.018	0.02～0.5	0.760～0.800
	LS45	60	0.05	0.015	0.015～0.5	0.432～0.468
旋桨式	LS25-1	120	0.2	0.05	0.06～5.0	0.240～0.260
	LS25-3	120	0.2	0.04	0.04～10.0	0.243～0.257
	LS20B	120	0.2	0.03	0.03～15.0	0.195～0.205
	LS10	60	0.1	0.08	0.10～4.0	0.095～0.105
	LS1206B	60	0.1	0.05	0.07～7.0	0.115～0.125

注　各类流速仪会有不同改进，标有"*"部分仅供参考。

不只机械流速仪，也有简单的浮漂器具用于测流。1779年在法国Dubuat开始使用浮标法进行测流。我国黄河陕县水文站于1919年用浮标测流。浮漂测流简单方便，可以就地取材制作浮标或直接利用水面漂浮物，我国水文职工在生产实践中创造了各种投放设备。在较大洪水时，浮标法现在仍是重要的测验方法之一。

除了直接测量水流流速，水文科学家还找到了流速与其他物理量间的联系，并通过其他物理量的测量值来推算流量的方法。1732年，法国人亨利·毕托（Henry De Pitot）发明了人所共知的毕托管，通过测量流体总压力与静压力之差值来计算测点流速。1887年，克莱门斯·赫谢尔（Clemens Herschel）研制出了另外一种压差式流量计：文丘里流量计，这种流量计常用来测量有压管道的流量。此外还有通过测量水流切割磁感线所产生的电流换算流量的电磁流量计。

20世纪80年代以后，各种新技术被应用到了水文测验工作中，比如超声波测速、声学多普勒测速、大尺度粒子图像测速、全球卫星定位测速等。基于上述技术，流速（流量）测量的仪器种类更加丰富，出现了诸如多普勒流速剖面仪、电波流速仪、电子浮标等流速（流量）测量仪器。

1.3.2 泥沙测验仪器的发展

泥沙测验仪器包括采样器具、装置、设备和检测分析设备。按测量对象可分为悬移质、推移质和床沙质等各种器测法采样器和电测法仪器。目前国内外对含沙量的测定都主要采用器测法取样再作称重分析的方法。悬移质采样器分为瞬时式采样器和积时式采样器两种。瞬时式采样器虽然采沙劳动强度大、称重样本相对多，垂直分布代表性也不如积时式采样器，但因操作环节简单明了，不同外业场景下的适配也不复杂，依然在悬移质泥沙采样中被广泛使用。积时式采样器的相关产品比较成熟，种类也比较丰富，操作上相对瞬时式采样器要复杂一些，目前主要结合缆道使用。

欧洲自1808年首次在莱茵河上用直接取样方法分析悬移质含沙量，到1875年泥沙仪器研究者们设计出了活门采样器，并提出了活门采样器的设计要求，到20世纪20年代末，相继出现苏联儒柯夫斯基直筒横式采样器及意大利柯勒斜筒横式采样器。1943年，美国开始研究积时式采样器，并于1946年研制出第一台调压式采样器。我国从20世纪50年代初开始全面推广瞬时式横式采样器及普通瓶式采样器，并开展了积时式采样器的实验研究。最早的积时式采样器是由原南京水工仪器厂仿制的美国P-46型积点式采样器，20世纪60年代初研制出NS-102型调压式采样器，20世纪80年代末批量生产JLC-1型缆道采样器。到了20世纪80年代，南京水利水文自动化研究所、黄河水利委员会水文局、辽宁省水文总站、成都勘测设计研究院研制成功调压式、皮囊式的AYX3、AYX6、ANX-HW、ANX-LS及ANX-WX等2个系列5个型号16个品种的积时式采样器，基本满足了我国各类江河的悬移质泥沙采样需求。

近些年，一些新型现场测沙仪开始在生产中试验使用，包括光电测沙仪、同位素测沙仪、超声波测沙仪和振动测沙仪，这类现场测沙仪都需要比测标定后才能用于观测，在适应泥沙组成变化和测量准确度上，性能表现还不够理想，与现有规范要求还存在一定差距。不过，尽管应用上还有待完善或者使用上还有局限，但对于部分条件较好的地方用于在线自动监测还是具有一定价值的。

推移质泥沙移动的随机性很强，给推移质测验带来了一定的困难。历史上曾经使用过的推移质采样器大部分属于盆式采样器，目前已经基本停用。后续主要根据实地情况制作推移质收集器具或装置，通过大量的缩尺模型水槽试验和用原型在天然河道进行率定，现在使用的推移质采样器测量范围可大到巨石、卵石，小到粉土、细沙，仪器的水力特性及取样效率明显提高。也有不少中小河流可以根据枯水季河床较大程度的暴露，来比较汛期洪水作用的推移质结果，观察其年际变化。

在我国的实际测验中，床沙采样器，一般是根据地区经验，因地制宜地采用简单方法或自制仪器采集河床质。但无论拖斗、抓斗、钻孔等形式，都存在与具体采样位置河床可能不匹配的问题。河床质的变化也可以在枯水季河床暴露时采取现场直接挖取进行分析。

泥沙颗粒级配是河流泥沙的重要特性之一。在进行泥沙颗粒级配分析时，使用的器具设备包括量具、分析筛、沉降粒径计、吸管、光电颗分仪、离心沉降法颗分仪和激光粒度分析仪等。我国自开展泥沙颗粒分析工作以来，先后推广了筛分析法、吸管法、粒径计法等手工操作方法。1958年水科院泥沙所开始研究应用光电法测定河流泥沙颗粒级配，1975年中科院海洋所研制了GDW-1型光电颗粒分析仪，1979年，黄河水利委员会水文处研制了GDY-Ⅰ型光电颗粒分析仪，1997年，西安工业学院光电测试技术研究所研制了DLY-95型光电颗粒分析仪，并得到了广泛的应用。同期，我国水文部门也引进了一些进口粒径分析仪用于泥沙颗粒分析，如日本岛津。为了更好推动泥沙颗粒分析技术标准化，2000年，黄河水利委员会水文局首次引进了由英国马尔文（Malvern）仪器有限公司生产的MS2000激光粒度分析仪，开展了深入的实验研究，取得了一系列成果并以此为基础形成相关的规范性技术内容。近年来，随着我国科技的发展，国产激光粒度分析仪开始用于水文站的泥沙颗粒分析。近年来，在国际上也出现过泥沙颗粒现场测定仪，但实地试验表明距离实际应用还有较远的距离。

第2章 转子式流速仪

2.1 工作原理及仪器结构

2.1.1 工作原理

转子式流速仪是根据水流对流速仪转子的动量传递而进行工作的。当水流流过流速仪转子时，水流直线运动能量产生转子转矩。此转矩克服转子的惯量、轴承等内摩阻，以及水流与转子之间相对运动引起的流体阻力等，使转子转动。从流体力学理论分析，上述各力作用下的运动机理十分复杂，而其综合作用结果使复杂程度深化，难以具体分析，但其作用结果却比较简单：即在一定的速度范围内，流速仪转子的转速与水流速度呈简单的近似的线性关系（图2.1）。因此，国内外都应用传统的水槽实验方法，建立转子转率 n 与水流速度 v 之间的经验公式，即

$$v = a + bn \tag{2.1}$$

式中 b——流速仪转子的水力螺距，不同类型转子式流速仪的水力螺距见表1.1，m；

a——仪器常数，m/s；

n——转子转速，等于转子总转数 N 与相应的测速历时 T 之比，即 $n = N/T$，1/s。

尽管使用式（2.1）即可简单地计算出水流速度 v，但并不意味着转子转率 n 和水流速度 v 间存在着严格的线性关系。而仅说明在一定流速范围内（视流速仪不同而不同），n 和 v 呈近似的线性关系，故该公式仅仅是一个经验公式。经验公式的推导可以利用流速仪检定试验得到一组 n 和 v 的实验点据，按照试验点据建立水流速度 v 与转子转速 n 之间的关系曲线，称之为检定曲线或流速仪工作曲线，如图2.1所示。经过数据处理，得到 a 和 b，从而求得该经验公式。当水流速度超出规定范围时，此经验公式不成立或误差很大。个别仪器，如LS25-1型，需要扩大低速使用范围时，也可给出低速的关系曲线，通过 n 在关系曲线上查找相应的低水流速度 v。国外有些仪器提供多个直线公式，可用在不同的速度范围。

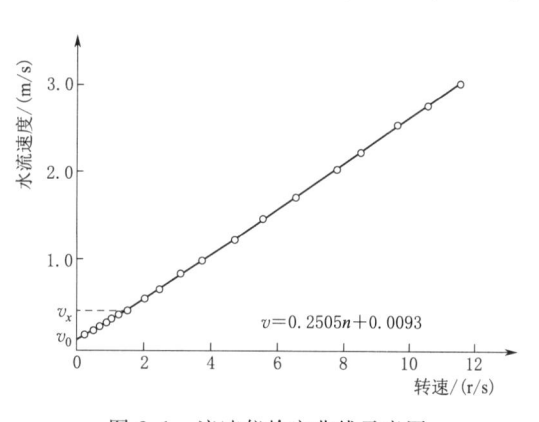

图2.1 流速仪检定曲线示意图

2.1.2 仪器结构

转子式流速仪主要由转子、旋转支承、发信、尾翼、机身等部分组成，另外还有用于

接收流速仪信号的转子式流速仪计数器。

（1）转子，也就是传感部件，它的功能是将水流直线运动能量产生转子转矩，即将水流直线运动转换为转子的圆周运动。为了保证转子的正常工作，要求转子：①转换效率高、转子的转动惯量小，响应速度快，并应考虑可测斜流分量；②起转速低，高速旋转平稳，测速量程大；③转子呈流线型，对水流扰动和阻力小，不缠挂水草；④抗冲击强度好，耐海水腐蚀及大气自然老化，形状稳定，长期不变形，检定曲线稳定，测量成果重复性好。

（2）旋转支承部分的作用是支承转子做旋转运动。为了保证其正常工作要求，支承摩阻力矩应小而稳定，并有足够强度能承受大负荷、高转速，能够保证仪器低速性能好、量程大。此外，轴承材料应耐磨、耐腐蚀，轴承油室密封完善，能抵御河水侵入。支承结构简单，清洗、安装方便。支撑部分所使用的仪器油的黏温特性（黏度与温度之间关系的特征）应不影响低温的测验精度。

（3）发信部分功能是将转子旋转运动的模拟量转换为数字信息量，便于远距离传输和数据处理。为了保证发信部分的正常工作，变速齿轮传动和信号触点工作时阻力应最小（或无），信号触点（接点）压力可方便（或无需）调整，触点（接点）工作寿命长，检修方便。

（4）尾翼部分的功能是起到平衡的作用，使仪器在水中能与水流方向一致。为了保证流速仪的正常工作，尾翼部分应为流线型，且水阻小、抗冲击、耐腐蚀、平衡力矩大，特别在低速测流时，能迅速、准确地对准水流方向。

（5）机身也被称为身架或轭架，它是流速仪各部分的安装连接主体。同时具有安装、悬挂流速仪的功能，可以将流速仪安装、悬挂到预定测点上。为了保证流速仪的正常使用，机身应能方便、快捷、可靠地将仪器安装到位，能灵活地适应测船、水文缆道和涉水等测流方式的需要。低速测流的悬挂安装设备应轻巧、实用，悬挂部分应有足够强度、安全、可靠。

转子式流速仪根据转子的不同分为旋桨式流速仪和旋杯式流速仪两大类。下面介绍几种常见转子式流速仪的结构，以及转子式流速仪的信号产生机构和流速仪计数器。

1. 旋桨式流速仪

旋桨式流速仪工作时，旋转轴呈水平状态，所以也称为水平轴式流速仪。旋桨式流速仪是我国水文测验中测量流速的主要仪器，担当着汛期测洪的重要角色。仪器可在高流速、高含沙量和有水草漂浮物的恶劣条件下正常工作，适用面广、产品类型多。旋桨式系列包括通用型和小型两大类。通用型有 LS25-1 型、LS25-3 型和 LS20B 型三种仪器，前两者的信号频率为 20 转 1 个信号，后者为 1 转 2 个信号（或 1 个信号）。小型仪器有 LS10 型和 LS1206B 型，前者 20 转 1 个信号，后者 1 转 2 个信号。旋桨式流速仪外形结构如图 2.2 所示。

（1）LS25-1 型旋桨式流速仪。LS25-1 型旋桨式流速仪是我国普遍使用的旋桨式流速仪，其外形如图 2.3 所示，结构如图 2.4 所示。

旋桨式流速仪工作时，水流冲击旋桨，旋桨支承在两个球轴承上，绕固定的旋桨轴转动。轴套、反牙螺丝套等零件和旋桨一起转动，带动压合在轴套内的螺丝套一起旋转。螺丝套内部有内螺丝，带动安装在齿轮轴上的齿轮转动。其传动比是旋桨和轴套一起转动

2.1 工作原理及仪器结构

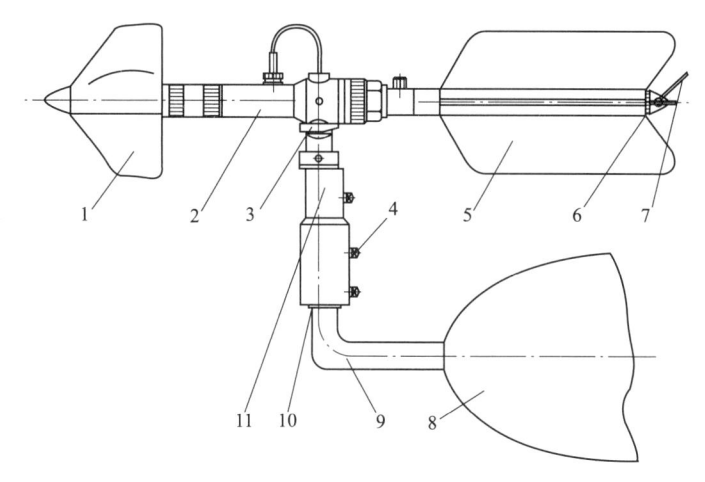

图 2.2 旋桨式流速仪外形结构

1—旋桨部件；2—身架部件；3—旋杆套；4—固定螺丝；5—尾翼部件；6—牵引螺钉；
7—牵引绳；8—重型铅鱼；9—鱼头部件；10—过渡套；11—悬挂部件

图 2.3 LS25-1 型旋桨式流速仪外形图

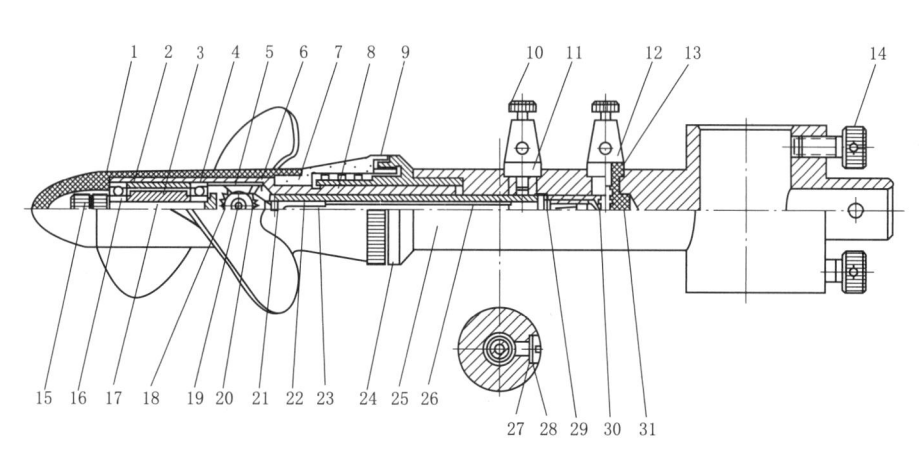

图 2.4 LS25-1 型旋桨式流速仪结构图

1—旋桨；2—外隔套；3—内隔套；4—轴套；5—螺丝套；6—接触丝；7—接触轴套；8—活动环；9—反牙螺丝套；
10—接线螺丝；11—接线柱乙；12—接线柱甲；13—衬管；14—（测杆）固定螺丝；15—导管螺帽；16—球轴承；
17—旋桨轴；18—齿轮；19—齿轮轴；20—接触销；21—（接触丝）固定螺丝；22—绝缘座；23—导电柱；
24—身架头；25—身架；26—绝缘管；27—垫圈；28—固轴螺丝；29—插头；30—插孔；31—插孔套

20 圈，齿轮转 1 圈。在齿轮圆周上有一接触销，齿轮每转一圈，此接触销和接触丝接触一次。接触丝与仪器本身绝缘，通过同样与仪器本身绝缘的接线柱甲接出。另一接线柱乙与仪器自身连接。这样就达到了旋桨每转 20 圈，接线柱甲、接线柱乙导通 1 次的目的。如果将齿轮上的接触销增加到 2 根或 4 根（均匀分布），就代表旋桨每转 10 圈或 5 圈产生一次接触信号。

身架中部有一竖孔，用以悬挂或固定流速仪。其后部安装有单片垂直尾翼。LS25-1型旋桨式流速仪一般以固定安装方式使用，它自己不能俯仰迎合水流，使用转轴时可以水平左右旋转，但旋转灵敏度较差。

早期生产的旋桨是用铜铝合金材料制成的，后期改为使用 PC（聚碳酸酯）材料。

（2）LS25-3A 型旋桨式流速仪。LS25-3A 型旋桨式流速仪的部分技术指标优于LS25-1 型旋桨式流速仪，仪器外形如图 2.5 所示。

图 2.5　LS25-3A 型旋桨式流速仪外形图

该仪器的特点是在继承 LS25-1 型旋桨式流速仪优点的基础上做了进一步的改进。使其结构紧凑，转动灵活，测速范围扩大，防水防沙性能好。

从桨叶转动到接触丝的接触信号产生，其传动机构和 LS25-1 型旋桨式流速仪基本相同。但该流速仪的旋转密封机构较好，旋转支承结构也较为合理，所以能适用于较高含沙量和较高流速的河流。

LS25-3A 型旋桨式流速仪的身架上只有一个接线柱，中部有一竖孔，用于悬挂和固定流速仪，后部装有十字尾翼。使用转轴和非固定安装时，可以水平和俯仰对准流向。但由于身架悬挂孔和安装方法的限制，该流速仪本身仍难以灵敏地迎合水流流向。

（3）LS20B 型旋桨式流速仪。LS20B 型旋桨式流速仪是一种大量程的流速仪。仪器外形如图 2.6 所示。

图 2.6　LS20B 型旋桨式流速仪外形图

旋桨转动，带动旋转套部件转动。在旋转套部件后端装有对称的两块（或一块）磁钢，水流冲击使旋桨每转一圈，磁钢的磁极经过一次水平安装的干簧管端部，使干簧管导通两次（或一次）。干簧管的一端与流速仪绝缘，连接到身架上的接线插头。干簧管的另一端与流速仪身架相连，直接通过安装、悬挂流速仪的金属悬杆、悬索连到流速仪信号接收处理仪器，所以该流速仪只有一个信号接出插座。

该流速仪结构合理，密封性能很好，可以用于高含沙量的高速水流测量。LS20B 型旋桨式流速仪的结构如图 2.7 所示。

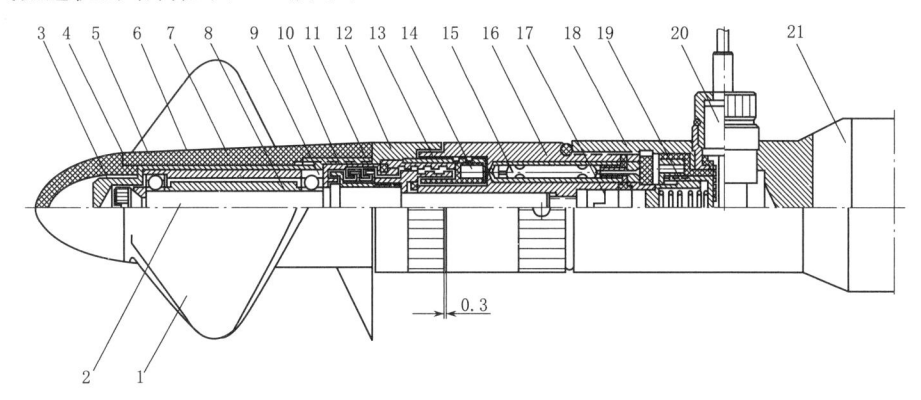

图 2.7　LS20B 型旋桨式流速仪结构图（单位：mm）

1—旋桨；2—旋桨轴；3—锁定螺钉；4—轴承垫圈；5—8 系列球轴承；6—轴承套；7—定位套；8—轴承隔套；9—9 系列球轴承；10—外挡圈；11—轴承油室密封装置；12—补偿垫圈；13—旋转垫部件；14—磁钢；15—干簧管支部件；16—发讯座部件；17—螺钉；18—导电套；19—接触套；20—插头支部件；21—身架

身架中部有一垂直孔，孔径 ϕ20mm，用以安装和悬挂流速仪。后部装有十字尾翼。使用转轴和非固定安装时，可以水平和俯仰对准流向。改进后的 LS20B 型旋桨式流速仪，旋桨一转只产生 1 个信号，提高了发信可靠性。

与 LS20B 型同时成型的还有 LS20A 型旋桨式流速仪，主要差别是 LS20A 型的旋桨每转 20 转才产生一个信号，信号由接触丝接触产生。

2. 旋杯式流速仪

（1）LS68 型旋杯式流速仪。LS68 型旋杯式流速仪是采用旋杯测量流速的水文仪器，适用于测量流速不太大且漂流物较少的河流。LS68 型旋杯式流速仪是生产历史最久，应用最普遍的旋杯式流速仪。LS68 型旋杯式流速仪的特点是结构简单、使用维修方便、受流向影响小。仪器外形如图 2.8 所示，结构如图 2.9 所示。

图 2.8　LS68 型旋杯式流速仪外形图

LS68 型旋杯式流速仪的发信机构带有一减速传动副，减速比为 20：1，即旋杯转子带动旋轴转 20 转，齿轮只旋转一周。装有 6 个旋杯的旋杯部件感应水流，带动旋轴一起转动。旋轴上部的螺杆带动齿轮转动，齿轮上有均匀分布的 4 个凸起。旋轴每转 20 转，齿轮转一圈，固定的接触丝和齿轮上的 4 个凸起各接触一次，达到旋杯部件（旋轴）每转 5 圈产生 1 个接触信号的目的。接触丝的一端与流速仪绝缘，用偏心筒上的绝缘接线柱引出，信号另一端用固定在轭架上的接线柱引出。

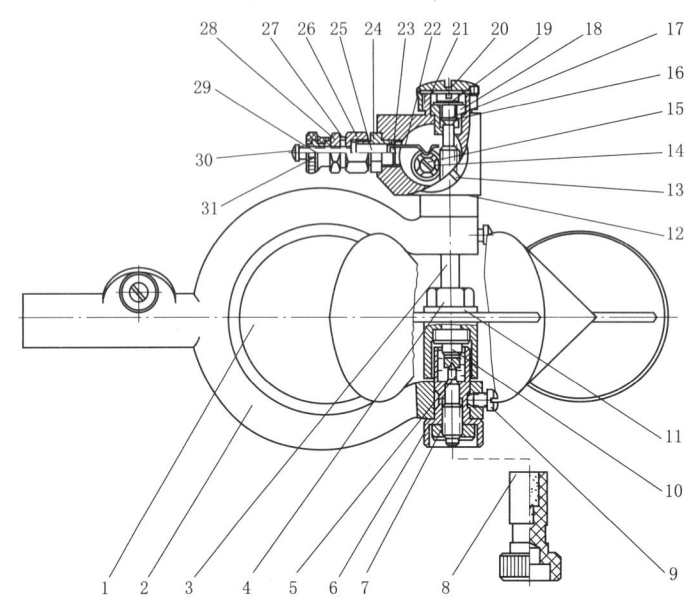

图 2.9　LS68 型旋杯式流速仪结构图

1—旋杯部件；2—轭架；3—旋轴支部件；4—旋盘固定帽；5—顶针支部件；6—顶头；7—并帽；8—旋盘固定器；9—轭架顶螺丝；10—顶窝；11—固定帽垫圈；12—偏心筒；13—侧盖；14—齿轮；15—齿轮轴螺丝；16—钢珠；17—钢珠座；18—轴套座；19—弹簧垫圈；20—顶盖；21—顶盖垫圈；22—接触丝；23—固定螺丝；24—连接螺丝；25—绝缘套；26—紧压螺帽；27—绝缘垫圈；28—小六角螺帽；29—接线螺丝；30—防脱螺丝；31—压线螺帽

旋轴下部用钢质顶针顶窝支承，上部用轴颈轴套径向支承，顶端用钢珠限位和支承。轭架中部有扁孔，用来使用扁形悬杆安装、悬挂流速仪。后部装有十字尾翼。旋杯流速仪在水平面上不需要完全对准流向，只需能适当俯仰对准流向。

（2）LS78 型旋杯式低流速仪。LS78 型旋杯式低速仪是一种适合测量低流速的旋杯式流速仪。它是在 LS68 型旋杯式流速仪的基础上，按照低速测量的要求研制的。其外形如图 2.10 所示，结构如图 2.11 所示。LS78 型旋杯式低流速仪的特点是结构简单，使用方便，所采用的旋转支撑、发信和悬挂部分使仪器起转速低，定向灵敏。

LS78 型旋杯式低流速仪的发信机构的主要元器件是磁钢和干簧管，磁钢安装在旋轴上，干簧管安装在传信座的孔

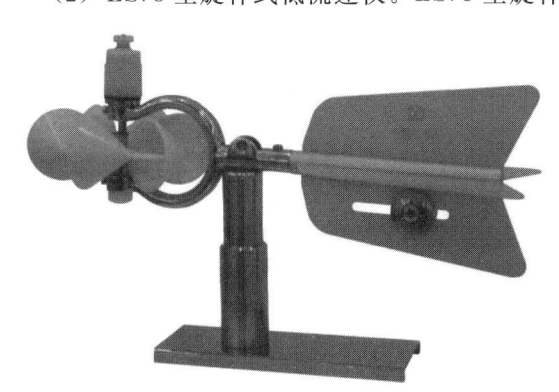

图 2.10　LS78 型旋杯式低流速仪外形图

中,下端借助导电簧与仪器轭架相通,上端接绝缘的接线柱。旋杯转子旋转时,带动旋轴上的磁钢一起旋转,每转一圈,干簧管中两簧片受到磁钢的磁场激励而导通,输出一个信号。

这种发信机构去掉了减速传动副部分,并用磁场激励方式使接点导通,故仪器整机结构大为简化,内摩阻小,工作中接点也无需调整,使用十分方便。

旋轴的上下支承都采用钢质顶尖和锥形刚玉顶窝支承,减小了旋转阻力,适用于低速测量。旋杯部件改为工程塑料,入水后转动惯量很小,有利于灵敏度的提高。轭架和尾翼与LS68型相仿,但增加了装有球轴承的转轴和接尾杆,使该流速仪可以在极低流速时,仍能基本对准流向。

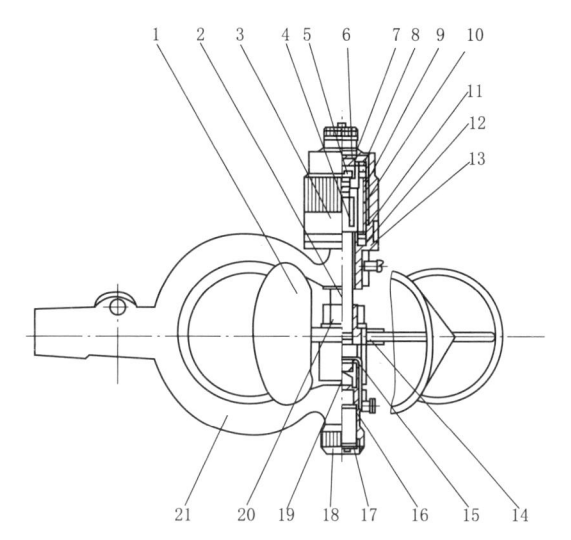

图 2.11 LS78 型旋杯式低流速仪结构图
1—旋杯部件;2—旋轴部件;3—防护罩;4—磁钢;
5—玛瑙座;6—接线柱;7—止动垫圈;8—压板;
9—绝缘套;10—干簧管;11—导电簧;12—防水垫;
13—传讯座;14—固定帽垫圈;15—宝石轴承;
16—轭架顶螺丝;17—并帽;18—顶头;
19—顶针;20—旋盘固定帽;21—轭架

(3) LS45 型旋杯式流速仪。LS45 型旋杯式流速仪也是一种适用于低速水流的流速仪。其外形如图 2.12 所示,机构图如图 2.13 所示。

LS45 型旋杯式流速仪的发信机构是采用水阻电桥式信号发生原理。发信机构由两对电阻组成电桥。一对电阻装在水上部分的计数器印制板上,其阻值是固定的;另一对电阻是变化的水阻,安装在轭架上部的两个圆孔中,由一对不同长度的不锈钢圆柱作为电极,包裹在塑料中,只有一端外露,并与包裹的塑料齐平,两电极的另一端引出线至水上计数器,与其中的一对电阻并接,构成电桥。

一对长度不同的电极通过水作为导体与轭架之间形成水阻,平时,这一对水阻的阻值基本相同,整个电桥处于平衡状态。当固定在旋轴上的电阻片随旋杯转子转动至长电极下方时,因电阻片是绝缘的,它与长电极端面构成了一个只有 0.2mm 的水缝,使电桥这一臂的水阻增大,电桥失去平衡,经电路放大后,即可进行计数。

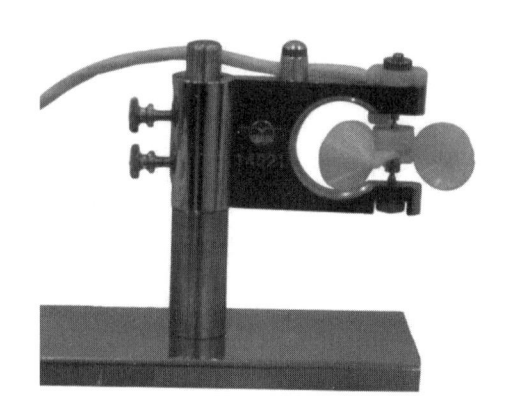

图 2.12 LS45 型旋杯式流速仪外形图

LS45 型的旋杯部件支承灵敏度高,结构简单,体形小,携带方便。发信机构输出信号无接触阻力,因而低速性能稳定,能测定很低的流速。

3. 转子式流速仪的信号产生方式

转子式流速仪的信号产生方式有机械接触丝方式、干簧管方式和其他方式。

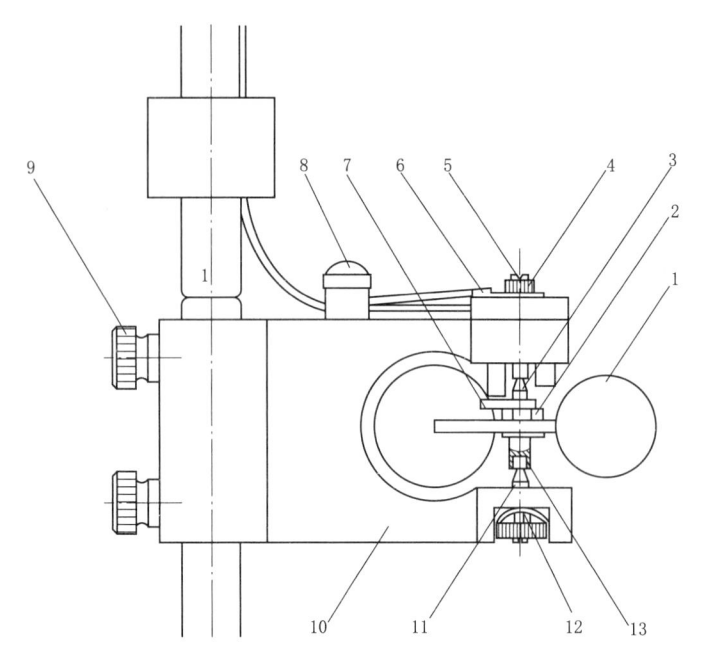

图 2.13 LS45 型旋杯式流速仪结构图

1—旋杯；2—旋盘固定帽；3—下轴承部件；4—螺帽；5—上轴承部件；6—电极部件；7—电阻片；
8—压线螺帽；9—固定螺丝；10—轭架部件；11—顶针；12—瓦型垫圈；13—刚玉轴承

(1) 机械接触丝。较早定型生产的旋杯、旋桨流速仪都采用这种方式。结构原理可以参阅 LS68 型旋杯流速仪。应用齿轮、蜗杆减速原理使得转子部件转动 1、5、10、20 圈后，接触丝才和接触触点接触一次。接触丝常采用导电性能较好，又比较有弹性的合金材料制造，旋桨流速仪用银铜合金制造接触丝、接触销。

这种信号接触方式简单、直观，易于调节，很容易排除故障，使用很方便。接触丝可以耐受较高电压，通过较大电流。可以适用于各种计数器，早期常用电铃灯光计数器，通过流速仪触点的电流很大，还有电感性负载，故只有接触丝可以适应电铃计数器。

机械接触的触点没有任何保护，触点压力、相互位置常会发生变化，需经常调整。触点暴露在空气中，有时直接与水接触，腐蚀、污物都会影响接触电阻，也需经常维护。因为很容易掌握调节方法，所以上述缺点并不影响使用。

机械接触丝的接触过程是一接触丝和触点的滑动过程，并且有一历时。在这一过程中，接触电阻会发生变化，有时还会发生瞬间的中断。这可能会使接触信号很不平滑，还有可能使一个信号中断为 2 个以上的信号脉冲。信号的这种中断是很短暂的，人工听音响计数时不会误判成 2 个或 2 个以上的信号数。但是，如果使用电子计数器，就会发生多记信号的现象。所有电子流速仪计数器都会设计一延时电路来解决此问题。接触信号不平滑，可能有中断，是接触丝接触方式不能避免的问题。

接触丝的信号还可能会出现延长现象，造成这一现象的原因一般为密封圈进水，而水会导电，导致信号延长。或者是接触丝接触以后没能完全脱离，造成信号延长。

(2) 干簧管。这种信号产生方式是利用舌簧管和磁钢配合的方式，也常被称为磁敏开关。舌簧管分为湿簧管与干簧管两种，当接点需通过大电流时，舌簧管内应充满油，保护触点，此为湿簧管。水文仪器中应用的舌簧管，由于通过接点电流不大，舌簧管内只需充以氮气来保护触点，故称为干式舌簧管，简称干簧管。

干簧管由在一空心玻璃管内密封着一对导磁簧片（接点）组成。当外磁场足够大时（磁钢接近），簧片被磁化，接点处的两簧片端磁极正好相反，因而相互吸合，接点导通；外磁场撤去（磁钢远离），簧片磁性消失或减弱，簧片的弹性使接点分离，接点断开。为防止接点氧化、接触电阻增大或接点常粘，在簧片上要镀上铑等稀有金属。

干簧管可以用通电线圈产生的磁场来使它导通断开。水文仪器上一般使用永磁磁钢来吸合干簧管。常用的吸合方式有图2.14所示的3种。

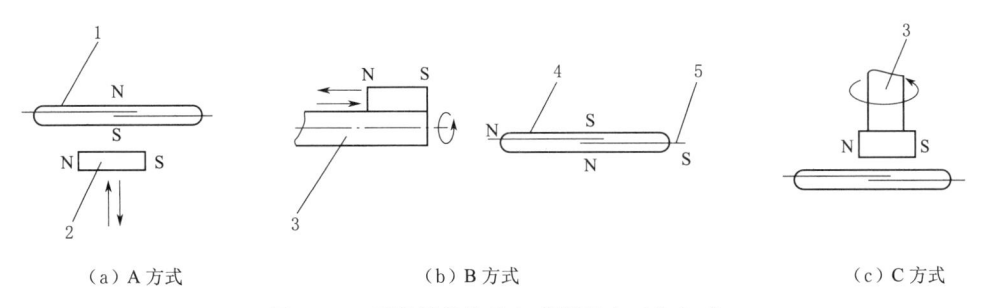

（a）A方式　　　　　（b）B方式　　　　　（c）C方式

图2.14　干簧管结构及与磁钢配合工作方式
1—干簧管；2—磁钢；3—旋轴；4—干簧管玻璃外壳；5—干簧管簧片

1）A方式的磁钢N-S方向和干簧管轴线平行，且应位于干簧管的接点处。当磁钢靠近干簧管，激励磁场强度足够大时，干簧管簧片的磁感应极性见图2.14中A方式，簧片吸合；磁钢远离干簧管，簧片磁性消失，接点弹开。安装时对磁钢的极性方向没有要求。

2）B方式的磁钢一极正对干簧管某一端。不论是沿轴线从远到近接近干簧管，还是旋转接近到此位置，磁钢将使簧片感应出足够的磁性，使接点吸合。磁钢离去时，信号断开。

3）C方式比较复杂，磁钢N-S极和干簧管平行并很接近。磁钢装在旋浆轴一端，在原地垂直干簧管轴线转动。当磁钢N-S极连线转动到与干簧管轴线平行时，和A方式相同，干簧管簧片被磁化，接点接通；当转动到两者轴线互相垂直时，接点处两簧片的对应点被磁化成相同极性，两簧片相斥，接点断开。这样，转子轴转一圈，干簧管导通两次，又断开两次，即转子转一圈会产生两个信号。

用干簧管作为信号接点的优点是接点密封、不易氧化、没有磨损、接触可靠、信号波形光滑，有利于信号接收处理。对于电子计数器尤为合适。但磁钢和干簧管的配合性能要求比较严格。磁钢的磁性能、稳定性、干簧管的疲劳性、两者配合距离的变化都会影响到信号的可靠性。用干簧管和磁钢发送信号的流速仪，其信号频率都比较高。除了低流速仪外，其信号频率都只能用自动计数器记录，不能用人工计数。干簧管、磁钢产生信号的方式还被广泛用于翻斗式雨量计。

（3）其他。为了减少转子旋转阻力，LS45型旋杯式浅水低流速仪采用了电桥原理，感应因旋杯转动而引起的水电阻变化。有些产品可能应用霍尔器件产生信号，利用磁钢对霍尔器件的感应（霍尔效应）产生电信号。

这两种方式都没有或几乎不产生转子旋转阻力，但是都要用多根信号线接出信号，还要配用专用流速仪计数器。

4. 转子式流速仪信号传输方式

用机械接触丝和干簧管产生信号的流速仪，其信号都是一个机械开关，并由两根导线接出。流速仪在水下工作，计数器在水上，两根导线要从水上接到水下。在缆道、绞车、较长的悬索上配挂两根导线时，需要注意避免线缆之间互相缠绕，尤其是在随着测流铅鱼和流速仪一起移动、收放导线的时候。除了有线传输方式以外，另外还有水体传输和无线电波传输两种形式。

水下应用的其他水文仪器的信号传输，如测深铅鱼的水面、河底信号，泥沙采样器的控制信号等也可以用以上方法来进行传输。

（1）有线传输。这种传输方式与普通有线传输方式的原理一样，用两根导线传输信号。具体使用形式如下：

1）普通连接。如应用测杆安装流速仪，或在不太深的水中用船用绞车悬挂流速仪，可以直接用两根导线连接水下仪器和水上仪表。

2）铠装电缆（带芯钢丝绳）连接。铠装电缆的外部是负重钢丝绳，钢丝绳的线芯内部包有几根导电电线。它既能用作负重悬索，又能传输电信号。用来悬挂水文仪器下水测验时，水下仪器信号用铠装电缆的导电芯线接出水面，控制信号、电源也可输入水下。

这种方法是较好的方法，既能保证信号传输的可靠性，又能简化水下、水上的水文仪器。铠装电缆的导电芯线在钢丝绳的运作中应配备转盘、引导装置等，避免电缆打折，造成损坏。如果损坏，则需要整体更换铠装电缆。

3）有些场合，可以应用已有缆索作为导线。如在有拉偏索的测流缆道上，悬挂测流铅鱼的主循环索和测流铅鱼的拉偏索，可以作为连接岸上设备的两根导线，构成有线传输。

（2）无线电波传输。流速仪等水下仪器与水上计数器等接收装置不用导线连接，完全依靠空中的无线电波传输来收发流速仪等的信号。水下信号发射装置将接收到的流速仪信号调制后，以无线电波方式向外发射。可通过铅鱼悬索露出水面的部分来发射无线电波，也可直接在水下发射。岸上由接收机接收，解调还原成数字信号。

虽然无线电波的通信技术比较成熟，而且这种方法可以不需要中间连接线。但是，如果在水下发射无线电波，无线电波在水中会被水体吸收，而且还会发生衍射和反射现象，在一般的发射功率条件下，电波只有数米的穿透能力。如果在水上发射，则需从水下将某种形式的天线、馈线接出水面。所以，使用这种无线方式进行信号传输的应用比较少。

（3）水体传输。这种传输方式无须专用的通信导线，也可认为是一种特殊的无线传输。水体传输采用已有金属缆索和水体作为两根"导线"，传输多种信号。金属缆索是指悬挂水文仪器的悬索（钢丝绳），即是缆道、船用或桥测绞车的钢丝绳。另一导线是水体，就是测验处的水体。河边水下安放的金属极板，与在水中工作的水文仪器金属外壳以及测流铅鱼，通过水体构成导电通路。在岸上将金属悬索和水下极板引线接入岸上信号接收器，接收信号。水体传输测流示意图如图 2.15 所示。图中的虚线表示连接导线，实线表示金属缆索。

1) 水体传输安装要求。流速仪固定安装在铅鱼固定杆上,要保证流速仪身架外壳与铅鱼完全导通。

流速仪的信号引出接线柱和水下电池筒（或水下信号发生器）一端相连,此连接线和两端接线柱的连接处用绝缘层（胶布）包裹,使它们尽量和水体绝缘。

悬索钢丝绳经过一绝缘子悬吊测流铅鱼,使得钢丝绳和铅鱼绝缘。

将水下电池筒或水下信号发生器的另一端用导线连接到绝缘子以上的钢丝绳,在水下电池筒或水下信号发生器的接线柱处也要用绝缘胶布包裹绝缘。

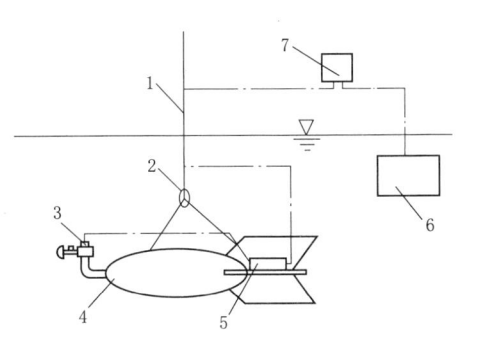

图 2.15 水体传输测流示意图
1—钢丝绳；2—绝缘子；3—流速仪绝缘接线栓；
4—铅鱼；5—水下电池筒、水下信号发生器；
6—水下极板；7—信号接收器

在岸边水下安装金属水下极板,极板面积不能太小,应有较好的耐腐蚀性能,通过导线连接到岸上接收器。

2) 水体传输工作原理。水下电池筒内装有干电池,作为直流电源,或水下信号发生器。它的一端通过钢丝绳传到岸上接收器,另一端经过流速仪的接线柱接到流速仪内信号产生机构的一端,当流速仪产生信号时,经过流速仪外壳和铅鱼,再经过水体到岸边的水下极板,构成水体通路,再由水下极板连到岸上接收器。由此,构成信号传输回路。

使用时,悬索钢丝绳进入水体,电路通过水体,钢丝绳、流速仪、铅鱼、水下极板和水下电池筒引线以一定的水电阻而导通。通过上述两条回路传回岸上的信号在传输过程中会不断因水体通路而被衰减。为了避雷,缆道的悬索钢丝绳的岸上部分基本都以较低的接地电阻接地,这样会使得通过钢丝绳传输的信号大为衰减。但是,总有一部分信号可以传到岸上接收器的输入端,如能符合接收器要求,就能收到信号。

5. 转子式流速仪计数器

一般的流速仪计数器用有线和水体传输的信号传输方式。船用和缆道测流控制台中的流速测记装置也可以使用交流水下信号源传输流速仪信号。

人工测速中可以使用包括电铃在内的音响、灯光计数器、计时计数器,自动化程度高的是流速仪计数器。

(1) 音响、灯光计数器。早期的音响器是一个小电铃,后来使用各种半导体音响器。都用干电池供电,与流速仪用导线相连。流速仪信号导通时,音响器发出声音,其上的灯光指示发光,人工计数。由于用人工计数,辨别能力很强,对流速仪信号的导通接触质量要求不高,可以用于大部分流速仪。但是人工计数时,记录速度会受限制,不能超过 1 次/s 的频率。国外还有用耳机监听流速仪信号的音响,测速历时用停表计测。

音响、灯光计数器使用方便、可靠,配用停表构成最简单的测速计时计数组合,在流速仪法测流工作中使用了很长时间。

这种最简单的计数器基本上都是基于有线信号传输方式,不能用于自动化测速,正在被自动化程度较高的计数器所代替。

(2)流速仪计数器。流速仪计数器是一个信号计数器，记录输入的信号数。因信号传输方式不同，输入信号可能是开关量、直流脉冲、不同交流脉冲信号。流速仪计数器同时测记时间，并用测量的信号控制计时的开始、结束，或用计时来控制计数的开始和结束。计数器可以由测得的流速仪信号计算出流速，甚至流量，并且具有相应的数据显示、存储和查询功能。

流速仪计数器由机壳、电源、输入电路、单片机系统、显示输出、键盘等组成；记录仪应具有适用于一种或多种流速仪的信号接收延时和灵敏度调节功能；延时和灵敏度调节可以是手动的，也可以是自动的；测速历时应具有30s、60s、100s及任意时间挡；记录仪应能设置、显示、存储流速仪的技术参数；应能显示测速历时、流速仪信号数和测点流速等。

2.2 适用的水文环境

由于转子式流速仪结构简单、故障点少、操作简单、技术成熟、产品种类丰富、适应性广、针对性强、稳定性高且测验精度有保障，所以我国绝大多数水文站使用转子式流速仪进行流速测量，并利用流速面积法计算流量。《河流流量测验规范》(GB 50179—2015)把转子式流速仪作为对其他仪器推广使用前进行比测鉴定的标准仪器。但使用转子式流速仪进行流量测验无法实现流量的长期自动监测。同时，受安装与悬挂装置的限制，也影响其适用范围。

2.2.1 仪器特点

1. 转子式流速仪的特点

(1)结构简单，容易掌握。转子式流速仪基本上是一种机械结构的仪器，结构比较简单，使用和维修也很方便。

(2)流速测量准确、性能可靠。经长期实践，制造技术和质量已经成熟。在出厂前，流速仪都进行了严格的检定（校准），保证了流速测量的准确性。转子式流速仪应用机械原理测速，机械性状稳定，保证了测速的稳定性。所以，转子式流速仪被认为是在天然水流中测量流速的最标准仪器。所有新的流速、流量测量仪器都要通过与转子式流速仪进行比测来判断新仪器的有效性和准确性。

(3)种类齐全、适用范围广。经过长期的应用和发展，转子式流速仪可以应用于高、中、低流速，也可以用于较高含沙量的水流，并且安装形式多样。因此，可以应用于绝大多数的流速测量场合。它既可以用简单的人工计数方法测速，也可以用流速仪计数器自动测记流速。

(4)需要人工进行操作，不能满足流速自动测量的需求。转子式流速仪不能较长期地连续工作，大多情况下只用来测量点流速，所以转子式流速仪不能用于流速流量的自动测量。

(5)受安装和悬挂设备的限制，影响其使用范围。转子式流速仪必须安装在需要测速的位置，才能测到流速。要将流速仪放置于指定位置，需要配备测船、缆道、吊箱、测桥、桥测车等设备，或用人工手持测杆的方法才能做到。当测流断面没有条件布设转子流速仪的安装和悬挂设施设备，或者出现流速过大、漂浮物过多、水深过浅等情况时，要考虑采用其他方法测定流速。

（6）由于天然河道中的流速具有的脉动特性，以及转子式流速仪的测流原理，在使用转子式流速仪进行流速测量时，需要测量一定时间内的平均流速。对于比较宽深的河流，流速的测量时间会更长（代表流速法除外）。测流时间过长，就会导致其在时间上的代表性会变差，尤其是在水位、流量变化剧烈的情况下。

2. 转子式流速仪的性能

根据《转子式流速仪》（GB/T 11826—2019）中的规定，转子式流速仪具有以下性能：

（1）流速仪的工作水温为 0～40℃；水体含沙量为 0～10kg/m^3，当含沙量大于 10kg/m^3 时，应加强清洗；水体盐度为 0～2g/L，盐度大于 2g/L 时，应对流速仪接线柱和水中导线裸露部分进行绝缘处理。在制造商规定的环境条件下连续工作 8 小时，流速仪的性能指标应保持不变。

（2）流速仪应给出适用的测速范围，旋杯式流速仪一般为 0.020～4.000m/s，旋桨式流速仪一般为 0.040～10.000m/s；流速仪起转速度 v_0 应比测速范围的下限值至少低 10%；流速仪水力螺距 b 值变化范围应在设计的 b 值的 ±4% 以内。

（3）用实测点流速与其拟合曲线或直线之间的误差作为流速仪的准确度。直线方程部分，以各速度级各测点相对误差绝对值的平均值（平均相对误差）表示应小于表 2.1 的规定值；对于使用低速曲线的流速仪，低速曲线部分各测点流速的相对误差绝对值均不大于 5%。当流速小于 0.03m/s 时，各测点流速的绝对误差应不大于 ±0.002m/s。

（4）用于实验室物理模型测量的流速仪的测速范围一般在 0.008～1.500m/s。当流速小于 0.03m/s 时，各测点流速的绝对误差应不大于 ±0.01m/s。各速度级各测点相对误差绝对值的平均值在表 2.1 基础上可适当放宽，以能满足模型测流要求为准。

表 2.1　　　　　　　　　速度级分段及其平均相对误差

检 定 项 目	流速级/(m/s)			
	<0.5	0.5～1.5	1.5～3.5	>3.5
平均相对误差/%	≤1.55	≤1.20	≤0.90	≤0.65

（5）转子部分转动灵活，无卡顿现象。零部件有优良的防污和防锈蚀性能。输出信号应稳定、清晰、通断分明，使用机械触点的流速仪应明确规定其接触电阻值。

（6）流速仪用悬索悬挂测量时，旋桨流速仪的长轴与流速间的水平偏角应不大于 5°，旋杯式流速仪的水平偏角应不大于 10°。流速仪在垂直面上应具有足够的俯仰自由度。

2.2.2　适用的测验环境

转子式流速仪作为历史最为悠久流速测量仪器，虽然可以适用于大部分测验环境。但是在有些条件下，其使用也会受到限制。

（1）流速超出转子式流速仪测速范围。虽然转子式流速仪的测速范围很广（0.020～10.000m/s），但当一些山区性河流发生洪水时，水流的流速会超出流速仪的测速范围，并且当水流流速较大时，流速仪也很难入水，这时就要考虑选用其他测速方法。

（2）转子式流速仪在测速时需要悬吊至水下，当水面漂浮物过多，比如流冰、上游洪水携带的大量树枝、杂草等，这些漂浮物会撞击、缠绕悬吊绳索，给仪器和测验人员带来安全隐患。

（3）当突发洪水等紧急情况时，监测断面往往不再具备使用转子式流速仪的有关设施，转子式流速仪也就无法进行流速测量。

（4）在水深较浅，转子无法完全浸没的情况下，也无法使用转子式流速仪。

2.3 安 装 与 使 用

2.3.1 安装要求

1. 安装要求

（1）符合定点、定位要求。在测速工作历时中，流速仪应该能稳定或较稳定地处在要求的位置。

（2）应迎合水流方向。除了特殊需要外，在测速时，转子式流速仪应该能迎合流速方向。可以固定安装，人为对准水流方向。也可以悬挂或活动安装，使流速仪在水平和俯仰方向上可以自己转动，自动对准流向。这种转动可以依靠流速仪的尾翼作用，也可以依靠测流设备，如铅鱼尾翼的作用。对准流向的允许误差要在测验规范的要求之内。

（3）符合信号传输要求。几乎所有的转子式流速仪产生的流速（计数）信号都由岸上的流速仪计数器接收，但信号从水下传到水上的方式不同。有的需要导线，有的要用专用水下信号发生装置，有的受一定的水深流速等水文条件限制，因此要采用相应的安装位置与安装方式。

（4）安全要求。流速仪应安装牢固，以防水流冲走流速仪。要保证流速仪不会碰到河底、河岸，以免损坏流速仪。要尽量防止水流中的漂浮物损坏流速仪。

2. 流速仪的安装方式

转子式流速仪的安装有测杆安装和悬索悬挂两种方式，大部分旋桨式流速仪可以采用这两种安装方式。

（1）测杆安装。流速仪安装在水文测杆上，一般由人工手扶测杆测速，如图2.16所示。适用于浅水河流、渠道，在涉水测流、吊箱测流、桥测和船测时应用。测杆可以固定在水中的基础支架上，流速仪将稳定地固定在某一位置工作。测杆也可以安装在可控制测杆升降的测流设施上，并稳定地停在需要测速的位置上。这种可以控制升降的测杆可以安装在专用测桥上，吊箱上，或者较小的缆道等多种测流装置上。

（2）转轴悬索安装。适用于水深较大、流速较低的河道。水流较深，不适合使用测杆安装流速仪，可以采用铅鱼和悬索悬吊的安装方式。流速不大的情况下，流速仪安装在转轴上可以减小流速仪的转动力矩，容易对准水流方向，如图2.17所示。转轴下方挂有测流铅鱼，上部与悬索相连。连接处使用绳钩，方便拆装。这种安装方式可用于船测、桥测和缆道测流，所用铅鱼重量较轻。

（3）悬杆悬索安装。流速仪安装在专用的悬杆上，悬杆的上、下端用绳钩分别与悬索和铅鱼相连，如图2.18所示。这种安装方式适用于深水的中等流速测量，有些流速仪在

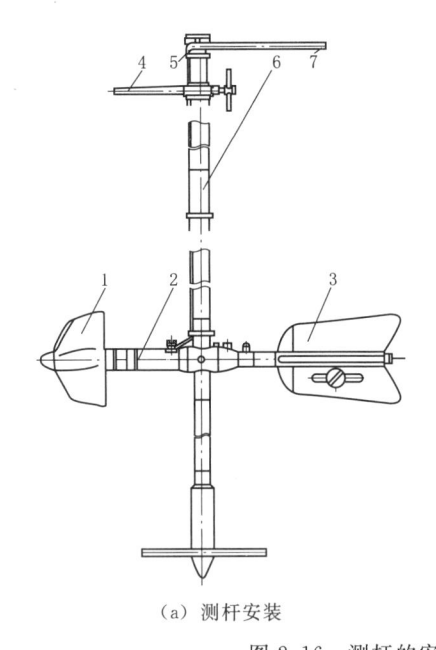

(a) 测杆安装　　　　　(b) 测杆的使用

图 2.16　测杆的安装与使用示意图

1—旋转部件；2—身架部件；3—尾翼部件；4—指针；5—橡胶圈；6—测杆；7—导线

悬杆上可以有一定的水平、垂直（俯仰）自动对准流向的转动空间，有些流速仪没有垂直方向上的自动对准流向的转动空间。水平对准流向同时靠铅鱼尾翼的自动定向作用。旋杯流速仪在水平面上可以不完全对准流向，所以它的定向要求与旋桨流速仪有所不同，但悬挂方法基本一致。这种悬挂方式可以用于船测、桥测和缆道测流的深水中等流速测量。所用铅鱼重量一般不会超过 100kg。

（4）在测流铅鱼上的安装。在测流铅鱼的头部前上方固定有流速仪安装立柱，在此立柱上用专用接头部件安装流速仪，如图 2.19 所示。这种方法适用于高速测量，铅鱼可以很重，重量可达几百公斤，多用悬索悬吊。由于在立柱上装卸方便，故应用广泛。

流速仪安装立柱也有可能在测流铅鱼的侧面，流速仪安装在专用接头上，可能可以在一定范围内水平、垂直转动，以对准流向。用于低速测量时要装转动较灵敏的专用接头。由于使用的铅鱼较重，尾翼也较大，测流铅鱼尾翼的自动对准水流作用是流速仪的主要定向因素。所以，流速仪也可以完全固定在测流铅鱼的立柱上，和铅鱼的纵轴平行。这种安装方式主要用于缆道测流和船测。

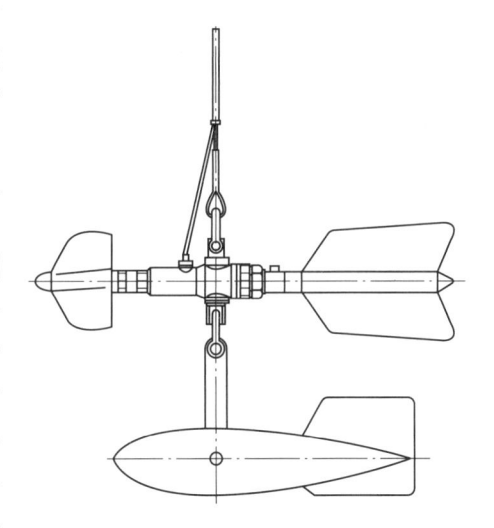

图 2.17　转轴悬索安装示意图

图 2.18　悬杆悬索安装示意图　　　　图 2.19　流速仪在铅鱼头部安装的示意图

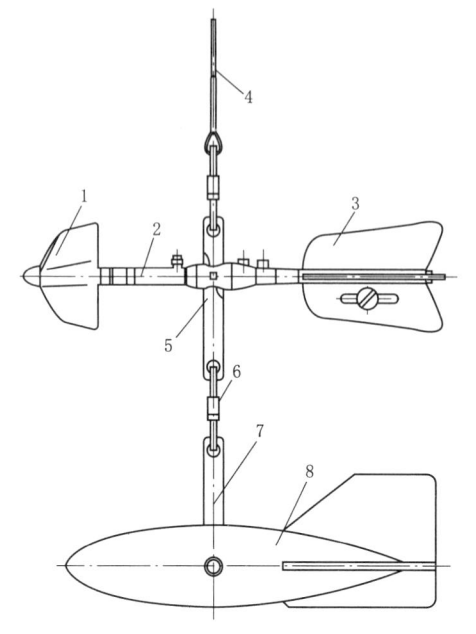

1—旋转部件；2—身架部件；3—尾翼部件；4—悬索；
5—悬杆；6—绳钩；7—连杆；8—铅鱼

3. 相关设施设备的安装

流速仪根据安装方式，使用前要准备好要使用的测杆、悬索、悬挂装置、缆道、绞车等器具设备。

简单的流速仪信号传输方式是有线传输，要准备好传输线，并能考虑好传输线的架设方法。用无线传输方式，需要水下信号发生器和接收器，还要做好悬索和流速仪信号连接的绝缘。

转子式流速仪工作时要计测测流历时和流速仪信号数，可以用人工计时计数，也可以自动或半自动计时计数。要准备好所需的停表、音响或灯光计数器、自动计数器。

2.3.2　使用方法

1. 使用前的准备

（1）转子式流速仪的装配。转子式流速仪是拆成若干部件后装在仪器箱内的，使用前要按说明书要求装成整机。装机时要按要求加入规定的仪表油，所用润滑油为 HY-8 仪表油。如果流速仪较脏或较长时间不用，应先用汽油清洗干净。

（2）检查和调节旋转部件的旋转轴向间隙和灵敏度。旋杯式流速仪的旋转轴是垂直的，它的旋轴在垂直上下方向上应该有一些间隙。旋桨式流速仪的旋转轴是水平的，它的旋桨轴在水平方向上应该有一些间隙。这些间隙对保证流速仪转子的旋转灵敏度和正常工作非常重要。间隙太小，流速仪转子转动不灵敏，测出流速偏小。间隙太大，转子转动不平稳，会引起冲击，影响流速测记的准确性，也容易损坏转子的支承系统。对旋桨式流速仪来讲，过大的间隙会降低旋转系统的密封性，引起水、沙的进入，使流速仪不能正常工作。

每一种流速仪都有要求的间隙值，这些要求值的实际意义也有所不同。对旋杯流速仪来讲，要求的是旋轴的轴向窜动间隙，一般要求在 0.02～0.05mm。对旋桨式流速仪来讲，要求的是旋转部件和固定部件（身架）之间的缝隙宽度，这个宽度是固定的，一般要求在 0.3～0.4mm。旋桨式流速仪的旋桨轴安装好后，有允许的前后窜动范围，一般为 0.03～0.05mm。

一般情况下，旋杯式流速仪的轴向间隙可以在野外随时调整，使用前要调到最佳值。但是，此轴向间隙往往只有百分之几毫米，且凭个人经验手感估计，一般应用者很难得到准确的间隙值。总的讲只要转动灵敏，旋杯式流速仪的轴向间隙可以尽量小一些，也要避免调整中出现"顶死"现象，以免损坏支承系统。在实践中，一般可采用先拧死再回退的方式进行调整。旋桨式流速仪身架前部的缝隙宽度是固定的，不能在野外现场调整，使用前只作目测检查。用两手分别拿住旋桨和身架，检查旋桨轴的前后窜动量。

转子的旋转灵敏度检查。转子式流速仪在工作以前必须检查其旋转灵敏度，检查方法分为经验法（吹气法）、旋转试验法、阻力矩测量 3 种。

1）经验法（吹气法）。手持流速仪，使仪器处于正常工作状态。用嘴对准旋桨桨叶某一固定处，或旋杯的某一杯口，稳定均匀地吹气，使旋桨式旋杯缓慢地转动。吹的位置要固定。根据吹气量的大小和转子转动状况，凭工作经验来判断流速仪的灵敏度。如吹气较轻、转动灵活、停止得缓慢，说明这款仪器的灵敏度较好。完整的吹气检查应该检查产生信号时的旋转灵敏度。这时的灵敏度要差一些，但不应很明显。

这种检查方法简易方便，是流速仪使用时普遍应用的方法。检查方法和判断完全依靠个人经验，定量的准确性较差。但在应用中，这是判断流速仪灵敏度的最主要，甚至是唯一的方法。

2）旋转试验法。国际标准 *Hydrometry-Rotating-element current-meters* (ISO 2537：2007) 规定并推荐使用这一方法。其方法是将流速仪置放于正常工作状态，转子不受气流影响。用手平稳而迅速地转动转子，使转子尽可能快地转动。然后测量转子到完全停下所需的时间 T，同时观察转子的转速变慢和停下的过程。此过程应该是逐渐的，不应有突然转慢现象，更不应有突然停下的现象。用此旋转时间 T 可以判断流速仪的旋转阻力矩。应用此方法时，要事先观测流速仪处于良好状态时，可能的最小旋转时间。国外有些流速仪会提供最小旋转时间的参考值。测得的 T 应大于要求的最小旋转时间。

此方法多应用于旋杯流速仪。用手转动旋杯时，要注意不要产生撞击，不使旋轴径向受力，以免损坏仪器。LS68 型旋杯式流速仪可以用这种方法，而旋杯式低流速仪的轴承系统容易损坏，不能快速旋转，不能用这种方法试验。

3）阻力矩测量。此方法比较适用于旋桨式流速仪，可以用各种力矩测量方法测试旋桨的旋转阻力矩。最简单的方法是在装好的流速仪旋桨边缘上卡上一重物，此重物应该处于旋桨中心轴线与机身轴线的垂直面上。观察此重物是否能使旋桨从静止状态起转。根据所需重物的最小重量和旋桨半径可以计算出旋桨的旋转阻力矩。对某一型号的仪器，可以根据仪器性能确定所需重物的最小重量，卡在旋桨边缘上能使旋桨转动就说明此流速仪的灵敏度符合要求。

有一些专用设备可以对旋桨式流速仪的灵敏度进行测量。比较典型的是 JBM-2 型旋桨流速仪灵敏度检查仪。仪器可以直接测得各种旋桨式流速仪的灵敏度。

(3) 流速仪的信号检查。流速仪下水前要检查其信号的产生是否正常。将流速仪用导线连到流速仪计数器，转动转子，观察信号的产生和计数器的记录显示或灯光、音响反应。如果是用无线测流，需在流速仪下水后进行这项检查。这项检查同时检查了计数器的工作状况和各环节的连接状况。较全面的检查应观测流速与信号的长短，信号长度用流速与转子的转动角度表示。信号过长或过短都不好，虽然不影响流速与使用，但要做相应的调整。

2. 转子流速仪的使用

(1) 测量点流速。点流速的测量是转子式流速仪最主要的应用。应用时将流速仪安放在预定的位置，测量这一点的水流速度。水流速度不是很稳定的，须能测到这一点的水流平均流速，因此就要有较长的测速历时，按规范执行，一般为 30~100s。计测这一历时内的流速仪信号数，根据流速仪公式，计算出这一点的测点平均流速。

人工测计时配用停表和音响（灯光）计数器，当流速仪到达测点并开始稳定地转动后，人工观察到某一信号开始时，启动停表，开始计时和人工记数流速仪信号。到达预定测速历时后，再等待下一信号到达，按停钟表，记下历时和流速仪总信号数。

应用自动计数器时，只需预设测速历时后就能自动计时计数。一些信号频率高的流速仪，转子每转会产生 1~2 个信号，无法人工计数，必须采用自动计数器。计数器启动后，它会在收到第一个信号后才开始计时计数，到达预定时间后，收到最后一次信号时，计数器停止计数计时。

(2) 测量线平均流速。旋桨式流速仪只感应平行于旋桨轴线的水流速度，不感应垂直于旋桨轴线的横向流速分量。如果流速仪质量较高，横向流速分量又不是很大的话，可以确认旋桨式流速仪测得的流速就是正对流速仪的流速分量。

这种特性可以用来测量某一垂线或某一水层的平均流速，这种应用也常被称为积深法（测量垂线平均流速）和积宽法（测量某一水层平均流速）测速。实际应用时，旋桨流速仪以均匀的速度在某一测流垂线上上下升降，或在水下一定深度的某一水层上横向移动。在此同时记录历时和流速仪的信号数。由于流速仪的升降运动完全和流速仪轴线垂直，不影响旋桨的测速性能，所以可以使用旋桨式流速仪，而不能选用旋杯式流速仪。在动船法测流采用的积宽法测流中，测船带着旋桨式流速仪横渡水流，流速仪不会一直与横渡方向保持垂直，所以要同时测量流速仪的方向等参数，再推算水层平均流速。

2.4 维护与校准

2.4.1 仪器的检查与维护

1. 流速仪检查的必要性

在每次使用流速仪之前，必须检查仪器有无污损、变形，仪器旋转是否灵活及接触丝与信号是否正常等情况。流速仪出厂前，其转速与流速的关系已进行了率定。但在使用以后，仪器的机械运动部件、桨片和杯壳等部位会产生磨损，加上有时还会遇到漂浮物碰撞等情况，都可能使仪器的检定公式发生改变，如不及时进行检查，会影响流量成果的精度。因此，凡有条件比测的站，测站常用流速仪均应定期与备用流速仪进行比测。

2. 流速仪的保养规定

(1) 流速仪在每次使用后，应立即按仪器说明书规定的方法拆洗干净，并加仪器润滑油。

(2) 流速仪装入箱内时，转子部分应悬空搁置。

(3) 长期储藏备用的流速仪，易锈部件须涂黄油保护，使用前用溶剂汽油清洗，并加注规定的仪表油。

(4) 仪器箱应放于干燥通风处，并应远离高温（高于60℃）、高湿（相对湿度大于90%）和有腐蚀性的物质。仪器箱上不应堆放重物。

(5) 仪器所有的零附件及工具，应随用随放回原处。

(6) 仪器说明和检定图表、公式等应妥善保存。

3. 清洗、加油工作步骤

(1) 用干毛巾擦干流速仪外表的水，如果流速仪上有泥沙或污物，先用清水洗净。

(2) 按要求拆开流速仪，放置于妥善位置。

(3) 用汽油清洗各部件，按规定要求使用120号或200号溶剂汽油进行。用两个汽油盒分装汽油，分别进行粗洗和精洗，清洗流速仪各转动部件，尤其注意清洗轴承部分。如果内部零件中有较多泥沙，也可以先用清水冲洗后，再用汽油清洗。

(4) 清洗后适当晾干汽油，再按要求装好流速仪。在安装过程中要按规定加注HY-8仪表油。

(5) 将流速仪按规定装入仪器箱内。

4. 停表检查

(1) 停表在正常情况下应每年汛前检查一次。当停表受过雨淋、碰撞、剧烈振动或发现走时异常时，应及时进行检查。

(2) 检查时，应以每日误差小于0.5min带秒针的钟表为标准计时，与停表同时走动10min，当读数差不超过3s，可认为停表合格。使用其他计时器，应按照上述规定执行。

2.4.2 仪器校准

1. 流速仪的比测

(1) 常用流速仪在使用期内，应定期与备用流速仪进行比测。其比测次数，可根据流速仪的性能、使用历时的长短及使用期间流速和含沙量的大小情况而定。当流速仪实际使用50~80h（含空转时间）时应比测一次。使用经验表明，在多沙河流一般测速50h比测一次为宜，少沙河流可掌握在实际测速80h比测一次为宜。此处的实际测流时间系指在野外使用的时间，例如测一次流的测流历时为1h，则在少沙河正常情况下，一部流速仪可施测80次流量。

(2) 比测宜在水情平稳的时期和流速脉动较小、流向一致的地点进行。

(3) 常用与备用流速仪应在同一测点深度上同时测速，为了让两架流速仪在同一测点深度上同时测速，一般采用特制的U形比测架固定仪器，比测时U形比测架两端分别安装常用和备用流速仪,两仪器间的净距应不少于 0.5m。因为太近时,两仪器之间可能互相干扰;太远时两测点之间流速的差异将不可忽略。在比测过程中,应变换比测仪器的位置。一般情况下,比测时可在比测一半的测点后,交换两比测流速仪的位置,再比测另一半的测点,以避免产生系统误差。

(4) 比测点应注意不宜靠近河底、岸边或水流紊动强度较大的地点。

(5) 不宜将旋桨式流速仪与旋杯式流速仪进行比测。

(6) 每次比测应包括较大较小的流速且分配均匀的 30 个以上测点,当比测结果的偏差不超过 3%,比测条件差的不超过 5%,且系统偏差能控制在 ±1% 范围内时,常用流速仪可继续使用。超过上述偏差应停止使用,并查明原因,分析其对已测资料的影响。

2. **流速仪的检定**

根据《河流测量测验规范》(GB 50179—2015)规定,没有条件比测的站,仪器使用 2 年后必须重新送仪器检验部门进行检定。当发现流速仪运转不正常或有其他问题时,应停止使用。超过检定日期 2 年以上的流速仪,虽未使用,亦应送检。在使用中,如果发生较大的超范围使用和使用后发现仪器有影响测速准确度的问题,也应停止使用并进行一次重新检定。

2.4.3 误差分析

造成转子式流速仪测速误差的因素很多,大致有三方面:仪器本身性能带来的误差,仪器静态检定的参比工作条件和检定误差。后两者是互相关联的。

1. **仪器本身性能带来的误差**

(1) 转子静态特性。仪器性能来自传感器的静态特性。转子式流速仪的线性和稳定性主要取决于转子特性。旋杯转子受阻力系数、雷诺数影响大,且转子本身又是一个水流的扰动源,因此,线性和稳定性均较差。当紊流强度大时,测量误差较大。

(2) 动态响应误差。转子及转动部件有惯性,响应水流速度快速变化时必然存在着滞后,即动态响应附加误差。为提高仪器动态响应性能,可减少转子重量或采用旋桨式流速仪,在测量中,应采用较长的测量历时,计算平均流速。

(3) 仪器内摩阻。仪器内摩阻在很大程度上制约着仪器的低速性能和测量误差。为减少系统阻力,可简化发信机构,例如,去掉齿轮传动副,采用无(小)阻力的接触开关,使仪器内摩阻特性稳定。为改善仪器整个运转系统的低速性能,旋桨结构应增大转子面积,以增加水动力矩,克服系统阻力,使仪器低速性能稳定、工作可靠。

(4) 信号误差。转子式流速仪输出信号的质量一般都较差,特别是电刷式的接触丝。因此,电子计数器的入口应有延时、整形电路,如处理不当,将产生多信号。如接触丝、导电销氧化,工作压力太小,则产生信号少。磁敏开关元件质量差,磁钢退磁,干簧管粘连,或者结构设计不合理等都会引起信号失常。这些都直接影响测量误差。

(5) 仪器油黏度引起低速测量误差。仪器油黏度与温度有关,只有使用时的水温与检定时水温基本一致时,才不会产生因仪器油黏度变化造成的测速误差。冬季低温会使油黏性增大,从而造成一些附加误差,但对一般要求的测速影响不大。

(6) 仪器定向偏差引起测量误差。仪器应有适应各种测流方式的悬挂、安装机构。浅水测量应尽可能用测杆悬挂安装。深水测量，低速时，应用灵敏的转轴悬挂。中高速时，应用万向接头和十字尾翼，使仪器在水平和垂直方向均能正确定向。否则将产生因仪器偏离主流而导致读数偏小的误差。

2. 仪器静态检定的参比工作条件造成的误差

仪器静态检定的参比工作条件与天然河流实际情况大不相同，如流态、水质、水温和仪器悬挂安装方式等。这些因素都将引发测量误差。

（1）流态。天然河流中的水流呈紊流状态，紊流内部结构极为复杂。一定流量的主流附带有无限、连续的运动——漩涡或其他形式，所有这些无法定量描述的扰动，一起决定某一瞬间的实际流速。流速仪性能检定是应用物体相对运动关系的理论，把水体模拟成为一个恒稳的层流。将这理想化水流条件下检定的成果，移用至天然河道测速，显然，在某一瞬间可能差异很大。然而，只要严格遵照《河流流量测验规范》（GB 50179—2015）所规定的测量方法，例如，采用一定的测速历时，计算测点平均流速以消除水流脉动误差，可保证测量成果的精度。

（2）水质。水槽检定用水是经人工处理的自来水，而天然河水则含有一定的泥沙。含沙量高，水的密度大，水流阻力大，因此，在清水中检定的公式用于测量浑水时计算流速，有可能产生系统误差。黄河水利委员会的一次试验结果是含沙量为 500kg/m³ 时，用清水鉴定的流速仪公式计算浑水流速要偏小 2.5%～11%，含沙量为 1000kg/m³ 时，要偏小 6%～27.5%。

（3）水温。水温变化改变油的黏度，即改变黏性阻力；水温还使仪器内部结构的零部件材料，特别是热塑性材料发生变化，使水动力特性产生微小的变化。这些均将引起仪器检定系统变化，导致仪器测量误差。

（4）仪器悬挂。流速仪检定是采用测杆固定安装，在深水中进行测量都是采用悬索悬挂安装，而且仪器下部还装有铅鱼；在深水、高速测量时，仪器则是安装在重型铅鱼头部上前方，而重型铅鱼采用"八"字形悬挂，其尾翼定向能力较差，除了使仪器难以对准水流方向引起上述的定向误差外，所有这些安装方式和仪器周围附加的阻力物体显然与检定状态不同，都将在一定程度上影响测量精确度。

3. 仪器的检定误差

静水检定的理论基础是假设水槽中水体是静止的，检定车以车速 v_t 与其做相对运动，v_t 即被认为是水流速度 v，即 $v_t = v$。这样便得到仪器静态检定中所谓理想的稳定输入量 v。实际上，每次检定行车过程中，仪器都要扰动静水，引起波浪，产生伴流（物体在水中运动时，其附近水受到物体运动的影响而产生一种追随物体运动的水流），并在有限的槽壁间来回反射，多次叠加，情况极为复杂。尽管每次检定都有一定的静水时间，但一般都不充分，静水指标不明确，并缺少必要的监测手段。因此，检定中真正的标准输入量 v 并非 v_t，而是 $v = v_t + \Delta v$。Δv 便会引起检定误差，它是随机的，与检定槽的特性有关。Δv 在低速端影响较为显著，$+\Delta v$ 使仪器转速加快。检定结果是，C 值减小，K 值增大，甚至 C 为负值；$-\Delta v$ 与上述情况相反。这两种形式的误差，概率相当。在高速端，对标准输入量造成的误差，其结果与低速端正相反。实际上，$\pm \Delta v$ 对高、低端检定成果的影响同时存在。

2.5 常见故障分析与处理

1. 仪器信号故障

（1）无论桨叶或旋杯转动多少转，流速仪信号连续不停。如用音响器计数，则音响器长响不停顿，出现此情况可能有以下几种原因：

1）如在工业污水中测验，水体中含有的各种离子浓度较大。仪器入水后，其甲、乙两个接线柱间导电，造成流速仪信号连续不断。此时将仪器两个接线柱两根导线裸露处分别以防水胶带密封，即可解决问题。同时要检查两根导线的入水部分，如有裸露也应用防水胶带密封，或更换导线。

2）仪器内接触丝安装不当。仪器箱内配备的接触丝过长，安装时接触丝前端有可能搭在旋轴上，造成流速仪信号连续不断。此时将仪器拆开，将接触丝前端适当剪去一段，使其距旋轴约有2mm左右的距离，即可解决问题。注意不能采用将接触丝向下弯曲以避免接触到旋轴的做法。因为向下弯曲接触丝会增加接触丝与接触销摩擦距离，造成流速仪信号过长，加速接触销的磨损。

3）旋轴腔内渗进污水或导电杆未安装绝缘管，也会造成流速仪信号连续不断。此时拆开仪器，分别用溶剂汽油清洗旋轴内腔和导电杆，没有汽油也可用棉布条擦干，给导电杆安装绝缘管（可用细塑料代替）重新装配仪器，并在反牙螺丝套和仪器身架间、反牙螺丝套与桨叶螺段连接处、固轴螺丝与牛皮垫圈的轴肩处涂抹黄油加以密封，即可解决问题。

4）插孔套老化。绝缘程度降低可造成流速仪信号连续不断。因仪器箱内无插孔套配件，故不能在野外排除，仪器须送检处理。

（2）流速仪无信号。如果桨叶旋转一个信号周期以上时仍无信号，计数器或音箱没有反应，说明流速仪存在故障。出现此情况可能有以下几种原因：

1）接触丝和接触销配合不好会造成仪器无信号。接触丝和接触销有电腐蚀现象，其接触面发黑。此时应更换接触丝和接触销，重新装配仪器即可解决。

2）齿轮孔和齿轮轴配合不好会造成仪器无信号。齿轮孔内壁和齿轮轴表面发黑，有电腐蚀现象。此时以细砂纸打磨齿轮孔内壁和齿轮轴，使其露出金属光泽，重新装配仪器，即可解决。

3）导电杆尾端分叉处与仪器身架内插孔接触不好，会造成仪器无信号。观察导电杆尾端分叉处是否并拢，如并拢以螺丝刀轻轻扩开，重新装配仪器，即可解决。

在重新装配仪器时，要特别注意对接触丝的安装。接触丝对接触销压力过大将影响仪器灵敏度，加速接触丝和接触销的磨损。而压力过小又会造成接触不良，信号不稳，易产生电腐蚀现象，加速接触丝和接触销的老化。

2. 流速仪转动失常

（1）流速仪桨叶无法转动。用嘴向桨叶吹气或用手轻拨桨叶都不能使桨叶转动，极有可能使球轴承严重生锈，此情况无法在现场排除，须将仪器送检。

（2）流速仪桨叶可以转动，但灵敏度差。此情况可能是桨叶柱腔内无仪表油，或球轴承有轻微锈迹所致。此时拆开仪器，取下球轴承，右手食指、拇指捏住轴承内圈，蘸上一些汽油在左手掌上来回滚擦，直至钢球恢复原有光洁度，再放在汽油中清洗干净，重新装配仪器，并在桨叶腔内注入仪表油，即可解决问题。

（3）流速仪桨叶转动灵敏，但有时出现卡顿现象。其原因及解决的办法有以下三种。

1）接触丝对接触销压力过大。齿轮每转动一圈时，接触销必须克服接触丝的压力才能转过去，重新调整接触丝即可解决。

2）齿轮装配不良。新齿轮在装入旋轴后过紧，不能灵活转动，重新更换齿轮或将齿轮侧壁磨薄一些，即可解决。

3）仪器油中有污物、杂质，浸到球轴承里造成卡顿现象。此时拆开仪器以汽油清洗桨叶腔、轴套和轴承，重新装配仪器，加入干净的仪器油即可解决。

思 考 题

1. 转子式流速仪进行流速测量的原理是什么？
2. 如何进行转子式流速仪的安装？
3. 哪些水文环境下不适合使用转子式流速仪进行流量测验？
4. 转子式流速仪具有哪些特点？
5. 转子式流速仪在测量水流流速时可以使用哪些方式？
6. 转子式流速仪的误差来源有哪些？
7. 转子式流速仪的常见故障有哪些？如何进行处理？

第3章 浮 标

浮标法测流是指通过测定水中的天然或人工漂浮物随水流运动的速度,结合断面资料及浮标系数来推求流量的方法,较广泛应用于山溪性河流和流速仪测速困难(如溜冰严重、洪水时漂浮物多、涨落急剧等)或超出流速仪测速范围的高流速、低流速等情况下的流量测验,亦适用于流速面积法。浮标法测流是洪水测验和紧急情况的重要手段,在江河测流上具有重要作用和地位。浮标法包括表面浮标法、深水浮标、浮杆法、小浮标法和电子浮标等。近年来,流量监测新技术新设备不断研发,如无人机、GNSS等技术都应用到了浮标法测流中,提高了浮标法的效率与精度。本章主要对电子浮标及浮标投放设施进行介绍。

3.1 工作原理与仪器结构

浮标法测流是测定流速的一种方法,简单易行,而且是一种很好的应急测流方法。浮标法利用手表或其他计时工具测定浮标通过上、下浮标断面,或在河流中相距一定距离的两点的时间,即可求出流速。利用上述方法只能测出表层的流速,如要测出深层水的流速,则需使用深水浮标或浮杆。浮标法所测得的水面流速,称为虚流速。利用虚流速与断面形状可计算出断面虚流量,虚流量乘以浮标系数可得到需要的实测流量。

3.1.1 浮标法测流原理

电子浮标通过内置的 GNSS 模块和其他传感器,实时采集水体中浮标的位置、速度和方向等数据。数据通过通信模块传输到岸上接收站或存储在浮标内部,供后续分析使用。通过分析浮标的运动轨迹,可以得到水流的流速和流向信息。因此,可以把电子浮标看成是传统浮标的升级版本,其测流原理与传统浮标法测流是相同的。

1. 浮标法测量流速

浮标法测的速度是水面流速。每个浮标的流速按下式计算:

$$V_{fi} = \frac{L_f}{t_i} \tag{3.1}$$

式中:V_{fi}——第 i 个浮标的实测浮标流速,m/s;

L_f——浮标上、下断面间的垂直距离,m;

t_i——第 i 个浮标的运行历时,s。

2. 浮标法测量流量

(1) 测流原理。天然河道中,常见的垂线流速分布曲线如图 3.1 所示。一般水面流速是垂线上的最大流速 $v_{\max}$,如图 3.1 (a) 所示,但由于糙率、水深、比降、断面形状等多种因素的影响，有时最大流速 $v_{\max}$ 位于水面以下一定的位置，如图 3.1（b）所示。许多学者经过试验研究推导出一些经验、半经验性的垂线流速分布曲线，这些河流垂线流速分布类型如下。

河流垂线流速分布类型如下：

抛物线型：

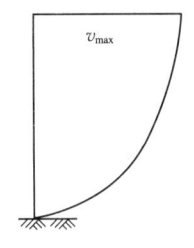

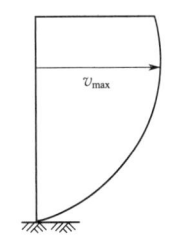

$$v = v_{\max} - \frac{1}{2P}(h_x - h_m)^2 \quad (3.2)$$

（a）最大流速位于水面　（b）最大流速位于水面以下

图 3.1 河流的垂线流速分布示意图

对数型：

$$v = v_{\max} + \frac{v_*}{K}\ln\eta \tag{3.3}$$

椭圆型：

$$v = v_0\sqrt{1 - P\eta^2} \tag{3.4}$$

指数型：

$$v = v_0\eta^{1/m} \tag{3.5}$$

以上式中　v——分布曲线上任意一点的流速，m/s；

　　　　　$v_{\max}$——垂线上的最大测点流速，m/s；

　　　　　v_0——垂线上的水面流速，m/s；

　　　　　v_*——动力流速，m/s；

　　　　　h_x——垂线上的任意点水深，m；

　　　　　h_m——垂线上最大测点流速处的水深，m；

　　　　　$\eta = \dfrac{y}{h}$——由河底向水面起算的相对水深；

　　　　　P——抛物线焦点的坐标，常数；

　　　　　K——卡尔曼常数。

将流速的指数分布关系式 $v = v_0\eta^{1/m}$ 代入到流量计算公式可得：

$$\begin{aligned}
Q &= \int_0^A v\,dA = \int_0^B\int_0^h v\,dh\,db \\
&= \int_0^B\int_0^h v_0\eta^{\frac{1}{m}}\,dh\,db = \int_0^B\int_0^1 v_0\eta^{\frac{1}{M}}h\,d\eta\,db \\
&= v_0\frac{1}{\frac{1}{m}+1}\int_0^B h\left[\eta^{(\frac{1}{m}+1)}\Big|_0^1\right]db \\
&= \frac{v_0 m}{m+1}\int_0^B h\,db = \frac{m}{m+1}v_0\bar{h}B \\
&= K_f Q_f
\end{aligned} \tag{3.6}$$

式中　Q——流量，m^3/s；

　　　Q_f——浮标虚流量，m^3/s；

　　　K_f——浮标系数；

其余符号意义同前。由上式可以看出，浮标法测流的主要工作为测定虚流量 Q_f 与确定浮标系数 K_f。

（2）测定浮标虚流量 Q_f。测定虚流量的工作内容包括以下几个方面：

1）施放浮标。

2）观测浮标流速 v_f 并确定其在测流断面上的位置。

3）施测浮标测流断面面积。断面面积可在选定断面上通过测量几个点位的度计算出。为避免较大误差，一般至少需要5个测量点，每个测量点之间一般不超过20m，遇到地形较复杂的河床测量点应加密。

4）观测水位。

5）图解法计算浮标虚流量 Q_f。绘制浮标式流速横向分布曲线和横断面图（图3.2），在水面线的上方，以纵坐标为浮标式流速，横坐标为起点距，点绘每个浮标的点位，对个别突出点应查明原因，属于测验错误则予舍弃，并加注明。当测流期间风向、风力（速）变化不大时，可通过点群重心勾绘一条浮标流速横向分布曲线。当测流期间风向、风力（速）变化较大时，应适当照顾到各个浮标的点位勾绘分布曲线。勾绘分布曲线时，应以水边或死水边界作起点和终点。

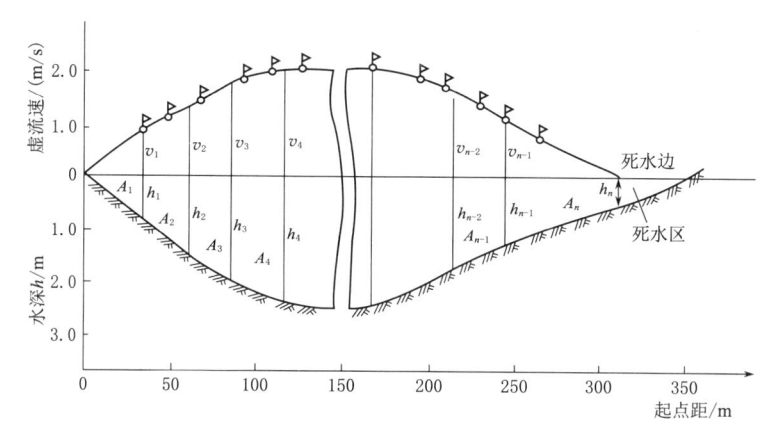

图3.2　图解法计算浮标虚流量

v_i—垂线虚流速，系分布曲线上查读值（m/s）；h_i—垂线水深（m）；A_i—部分面积（m^2）

在各个部分面积的分界线处，从浮标流速横向分布曲线上读出该处的虚流速 v_i。部分平均虚流速 v_{f_i}、部分面积 A_i、部分虚流量 q_{f_i}、断面虚流量 Q_f 的计算方法与流速仪法测流的计算方法相同。断面流量应按下式计算：

$$q_{f_i} = v_{f_i} A_i \tag{3.7}$$

$$Q_f = \sum_{i=1}^{n} q_{f_i} \tag{3.8}$$

（3）推求浮标系数 K_f。浮标系数 K_f，有条件进行比测试验的测站，应以流速仪法测流和浮标法测流进行比测试验；无条件进行比测试验的测站，可采用水位流量关系曲线法和水面流速系数法确定浮标系数。原则上，浮标系数应经过试验分析，不同的测流方案应使用各自相应的试验浮标系数。当因故改用其他类型的浮标测速时，其浮标系数应另行试验分析。当测验河段或测站控制发生重大改变时，应重新进行浮标系数试验，并采用新的浮标系数。

确定浮标系数 K_f 的主要方法有以下几种：

1) 实验法。采用同流量比测数据计算（不同水位、风向、风力等参数情况）：

$$K_f = \frac{Q_{流速仪}}{Q_f} \tag{3.9}$$

2) 经验法。引用典型有代表性站的观测数据，给出适用同类分区的半经验、半理论公式为

$$\overline{K_f} = \overline{K_0}(1 + A\overline{K_v}) \tag{3.10}$$

式中　$\overline{K_f}$——断面平均浮标系数；

$\overline{K_0}$——断面平均水面流速系数；

A——浮标阻力分布系数；

$\overline{K_v}$——断面平均空气阻力参数。

《河流流量测验规范》（GB 50179—2015）指出，需要使用浮标法测流的新设测站，自开展测流工作之日起，应同时进行浮标系数的试验，宜在 2～3 年内完成。在未取得浮标系数试验数据之前，可借用本地区断面形状和水流条件相似、浮标类型相同的测站试验的浮标系数，或者根据测验河段的断面形状和水流条件，在下列范围内选用浮标系数：①一般情况下，湿润地区的大、中河流可取 0.85～0.90，小河可取 0.75～0.85；干旱地区的大、中河流可取 0.80～0.85，小河可取 0.70～0.80；②特殊情况下，湿润地区可取 0.90～1.00，干旱地区可取 0.65～0.70；③对于垂线流速梯度较小或水深较大的测验河段，宜取较大值；垂线流速梯度较大或水深较小者，宜取较小值。

3) 水位-流量关系曲线法。将流速仪不同测流方案分别绘制水位-流量关系曲线，用浮标测量其相应水位，从这些水位-流量关系曲线上查读流量 Q，Q 与 Q_f 的比值即为 K_f。

4) 水面流速系数法。由水面流速系数的试验数据间接确定 K_f。

（4）计算流量 Q。

$$Q = K_f Q_f \tag{3.11}$$

3.1.3　电子浮标与浮标投放器的结构

1. 电子浮标的组成

电子浮标测流系统一般由以下几部分组成：

（1）GNSS 模块：GNSS（Global Navigation Satellite System）模块是电子浮标的核心部件之一，用于确定浮标的精确位置。模块内包括 GNSS 接收器、高增益天线和数据处理单元几个部分。GNSS 接收器负责接收来自 GNSS 卫星的信号，计算浮标的经纬度坐标。高增益天线用于增强接收信号，确保在各种环境下都能稳定工作。数据处理单元负责处理接收到的信号并转换为地理位置数据，通常具有高精度的定位能力。

（2）通信模块：用于将采集到的数据传输到岸上接收站或远程服务器，支持实时监测和远程数据访问。可采用的通信方式有无线电通信、卫星通信和蜂窝网通信。

（3）电源系统：为电子浮标的各个部分提供电力，可以使用锂电池或太阳能电池板供电。

（4）浮体：通常由高强度、耐腐蚀的材料（如聚乙烯、玻璃钢）制成，确保浮标在恶劣环境下不易损坏。还可以在浮标底部安装配重，提供稳定性，防止浮标倾覆。此外，浮标上还可以装配 LED 导航灯和反光贴，在夜间或低能见度情况下，使浮标易于被发现和定位，确保安全。

（5）上位机。上位机是指可以直接发出操控命令的计算机。上位机一般具有实时数据监测、历史数据查询和测流设置几项功能。

1）实时数据监测：可以实时显示浮标位置、状态、轨迹等内容。
2）历史数据查询：可以查询、回放历史测流数据，生成图表等功能。
3）测流设置：数据采集频率设置与传感器校准参数设置等功能。

2. 浮标投放器

浮标投放器是利用循环索在动力牵引下，将浮标投放器运送到河道断面上空，然后投放浮标的一种测验设施。浮标投放器是浮标法测流设施中浮标运载、投放的核心设备。

传统的浮标投放器大多采用 20 世纪 50 年代研制的手动刀割式投掷器，工作效率低，可靠性较差。浮标投放过程大多采用依靠循环投浮钢丝锁完成，或者采用人工桥上投放浮标完成。具体测验过程中，需要一名工作人员负责投浮锁的运行或者桥上浮标的投放工作，上、下断面各需一名工作人员负责观测并记录数据。当浮标在循环锁上运行到指定位置时或者在桥上执行浮标投放的人员持浮标到达指定位置时进行投放。随着无人机技术的发展，现在也开始采用无人机搭载电子浮标的方式进行投放。以下简要介绍两种循环索式的浮标投放器。

（1）高杆架设与地面操作式浮标投放器。高杆架设与地面操作式浮标投放器总体布设及局部结构如图 3.3 所示，主要由固定架、循回轮、传动轮、循回索、传动带、支撑杆、拉线、导向轮、法兰螺丝和锚座等组成，另根据需要可增加计数器，以构成浮标投放位置的数控装置。

按图示结构及总体布设完成制作、组装、架设及调试后，采用适宜长度的叉杆，先将传动带与传动轮连接，再将法兰螺丝钩在锚环上，旋转法兰，将传动带适度拉紧，投放器即进入工作状态。然后，用叉杆将浮标挂在循回索上，人工拉动传动带，可使循回轮、传动轮、导向轮同时转动，循回索随之将浮标送至河面上空适宜位置，再用叉杆抖动循回索，浮标就自动抖落至水面。重复操作上述过程就可以连续将浮标投放在水道断面的适度位置。测验工作结束后，旋转法兰螺丝，将传动带、导向轮、法兰螺丝、叉杆收回备用即可。

浮标投放位置的数字控制。将导向轮、循回轮、传动轮的周长进行换算，利用工作时导向轮转数与循回索运行长度有固定的比例关系之原理，在导向轮的轴上安装齿轮，用齿轮间变速传动至计数器，就可以利用预先设计安装在导向轮夹板上的计数器，对浮标投放位置进行准确的数字控制，从而提高浮标法测流精度和工作效率。

3.1 工作原理与仪器结构

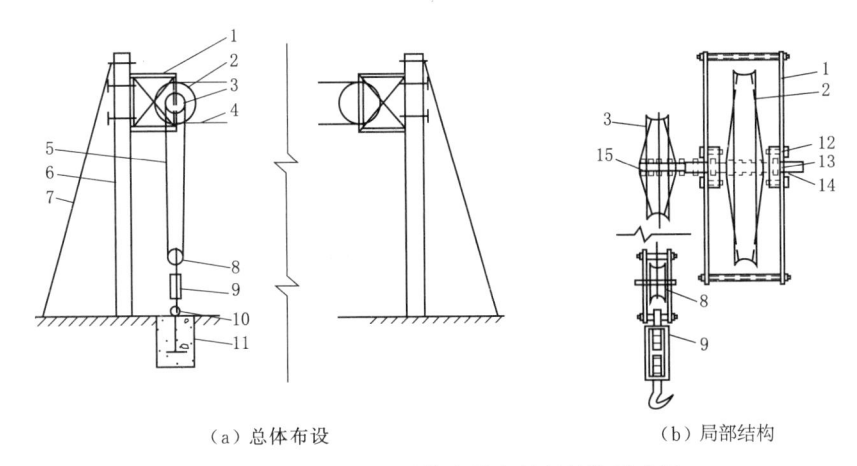

（a）总体布设　　（b）局部结构

图 3.3　浮标投放器总体布设和局部结构示意图

1—固定架；2—循回轮；3—传动轮；4—循回索；5—传动带；6—支撑杆；7—拉线；8—导向轮；
9—法兰螺丝；10—锚环；11—锚座；12—螺栓；13—轴承；14—循回轮轴；15—传动轮轴

（2）无线射频遥控浮标投掷器。无线射频遥控技术具有传输距离远，无方向性，穿透力强，传输灵敏度高的特点，且功耗少、体积小、具有多路控制。无线射频遥控浮标投掷器是一种以遥控多路控制技术及电动力为依托的浮标投掷器，可一次悬挂和连续投放 6 个浮标（也可根据需要扩展为悬挂和投放更多的浮标），示意图如图 3.4 所示。

投放器的投放动力装置选取大减速比、扭力为 30kg·cm 的 12V

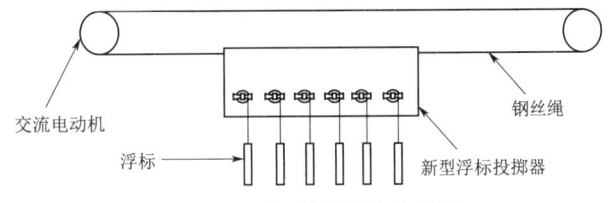

图 3.4　浮标投放设施示意图

直流减速电机（图 3.5），其具有 4 个特点：一是当直流减速电机不运转时，具有自锁功能，适合悬挂较重物体，可以保障最大悬挂质量 20kg 左右的物体仍能自我锁定；二是体积小、结构简单、工作可靠、功耗低、造价低；三是该电机采用全封闭结构，具有良好的防腐蚀、防水性；四是具有连续工作 2000h 无故障的高可靠性。

动力装置的控制，使用造价低廉、技术成熟的 12V8 路无线射频遥控开关接收器及遥控器（图 3.6）。遥控器可以控制电机的通、断转换；具有自锁、互锁的功能；每个遥控开关独立工作、互不干扰；遥控器遥控距离为 0~500m，可以满足一般中小型河流浮标法测流设施的需要。

直流减速电机和遥控开关接收器均采用 12V 直流作为电源，6 个直流电机同时工作时最大功率为 200W。因此选定直流电源为 12V20Ah 免维护铅酸蓄电池。但浮标投掷器投放浮标时，每次只有一个直流涡轮减速电机工作，即工作功率为 30W，则此直流电源可以保障浮标投掷器连续工作 5~8h。

浮标悬挂杆采用直径 16mm，长度 10cm 的钢筋，经车床加工成形状为中间细两头粗的倒圆锥形，如图 3.7 所示。悬挂杆中部与直流减速电机转轴直接连接，两边挂浮标。当悬挂杆水平放置且电机静止时，直流减速电机处于自锁状态，悬挂质量 20kg 以下的浮标

37

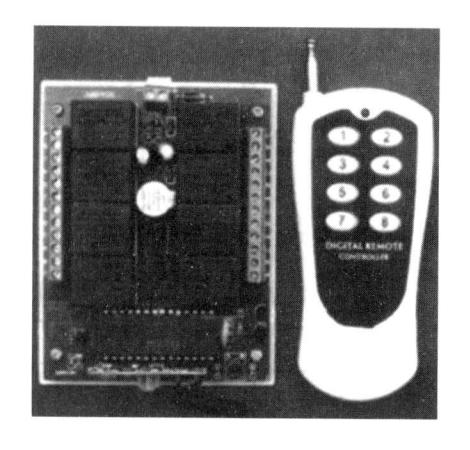

图 3.5　12V 直接减速电机　　图 3.6　12V8 路无线射频遥控开关接收器及遥控器

不会随意转动。当悬挂杆随电机转轴由水平方向转到垂直方向时，浮标会沿着悬挂杆以自由落体的方式掉落河面。同时悬挂杆设计成圆锥形可以保证浮标在运送过程即使大幅摆动也不会掉落。

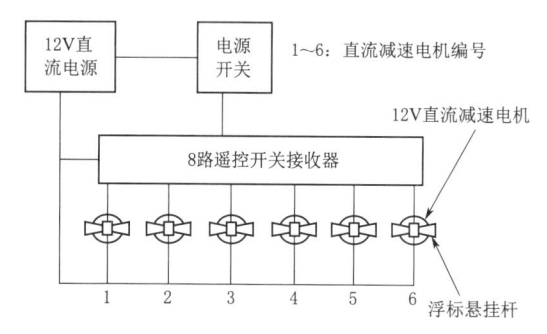

图 3.7　无线射频遥控浮标投掷器集成及结构示意图

无线射频遥控浮标投掷器总体构造（图 3.7）为：12V20AH 免维护铅酸蓄电池一块；12V8 路无线射频遥控开关接收器、遥控器一套；6 个 12V 直流减速电机；6 个浮标悬挂杆；一个设备箱（制作材料为一次性冲压成型的不锈钢板，具有良好的防水性）。浮标投掷器单个直流减速电机最大承载浮标质量为 20kg。

投放浮标时候的具体操作步骤为：

1）在河岸上，开通浮标投掷器电源，1~6 号悬挂杆随直流减速电机转轴同步运转，等浮标悬挂杆调整到水平位置后，依次按动遥控器 1~6 号按键使电动机停止运转，此时直流减速电机处于自锁状态。然后，把浮标用挂钩（环）挂到浮标悬挂杆上。

2）按动 380V（或 220V）交流减速电动机的前进按钮，把浮标投掷器运送到河道断面的第一个指定位置。

3）按手持遥控器的 1 号按键，则一号开关接收器控制直流减速电机开始运转，浮标挂钩随着悬挂杆由水平方向旋转到垂直方向，浮标在重力作用下以自由落体的方式掉落河中，然后再按动遥控器 1 号按键，则 1 号直流电机停止运转。

4）将投放器送到第二个河流断面测速指定位置，按遥控器 2 号按键，则 2 号电机开始运转，投放第二个浮标，等浮标掉落河中时，再按动遥控器 2 号按键，2 号电机停止工作。

5）依次类推，一次可以连续投放 6 个浮标，直至整个河道流量测验工作结束。

3.2 适用的水文环境

电子浮标适用于一般汛期流速较大的水域，其他测流设备由于体积和操作因素不能够正常工作的情况，电子浮标可以安全投放并使用，测得流速、流向等信息。环境适用性强，受自然环境及天气因素的影响非常小。它不受能见度的限制，不受下雨下雪等天气的影响，不受是否通航的限制。电子浮标测流主要用于河流、湖泊、水库、渠道等明渠的流速、流量防洪应急监测。电子浮标的使用条件与传统浮标的使用条件基本上是一致的。当遇到风速过大、水位涨落急剧、水深小、漂浮物阻塞等情况时，不宜使用浮标法测流。

1. 测验方法的选择

根据《河流流量测验规范》（GB 50179—2015）的要求，属于下列条件的，可采用浮标法：①流速仪测速困难或超出流速仪测速范围和条件的高流速、低流速和小水深等情况的流量测验；②垂线水深小于流速仪法中一点法测速的必要水深；在一次测流的起讫时间内，水位涨落急剧，水位涨落差大于平均水深的10%或水深较小和涨落急剧的河流水位涨落差大于平均水深的20%时候，不宜继续采用流速仪法测流的情况；③水面漂浮物太多，影响流速仪的正常旋转；④出现分洪、溃口洪水。

2. 测验河段和断面条件

浮标法测验河段的选择与勘察，顺直段的长度应大于上、下浮标断面间距的2倍；浮标中断面应有代表性，且无大的串沟、回流发生；各断面之间应有较好的通视及通信条件。

浮标法测验断面的布设，宜选择在河岸顺直、等高线走向大致平行、水流集中的河段中央。浮标法测流断面的布设应符合下列要求：当测验河段客观条件允许时，浮标法测流的中断面宜与流速仪法的测流断面、基本水尺断面重合布设，配合应用；当受地形限制有困难时，可分别设置，但与流速仪法测流断面间不应有水量加入或分出；上、下浮标断面应平行于浮标中断面并间距相等，且其间河道地形的变化小；上、下浮标断面的距离应大于最大断面平均流速值的50倍；当受条件限制时可适当缩短，但不得小于最大断面平均流速值的20倍；当中、高水位的断面平均流速相差悬殊时，可按不同水位级分别设置上、下浮标断面；测流断面应垂直于断面平均流向，偏角不应超过10°；当受客观条件限制超过10°时，应根据不同时期的流向分别布设测流断面，不同时期各测流断面之间不应有水量加入或分出；低水期河段内有分流、串沟存在且流向与主流相差较大时，宜分别布设垂直于流向不同的测流断面；在水库、堰闸等水利工程的上、下游布设测流断面，应避开水流异常紊动影响区。

3.3 浮标测速方法

3.3.1 浮标的投放

采用水面浮标测流的测站，宜设置浮标投放设备。浮标投放设备应由运行缆道和投放器构成，并应符合下列规定：①投放浮标的运行缆道，其平面位置应设置在浮标上断面的上游一定距离处，距离的远近，应使投放的浮标，在到达上断面之前能转入正常运行，其空间高度应在调查最高洪水位以上；②浮标投放设备应构造简单、牢固、操作灵活省力，并应便于连续投放和养护维修；③没有条件设置浮标投放设备的测站，可用船投放浮标，或利用上游桥梁等渡河设施投放浮标。

水面浮标的投放方法应符合下列规定：

（1）用均匀浮标法测流，应在全断面均匀地投放浮标，有效浮标的控制部位，宜与测流方案中所确定的部位一致。在各个已确定的控制部位附近和靠近岸边的部分均应有1～2个浮标。浮标的投放顺序，应自一岸顺次投放至另一岸。当水情变化急剧时，可先在中泓部分投放，再在两侧投放。当测流段内有独股水流时，应在每股水流投放有效浮标3～5个。

（2）当采用浮标法和流速仪法联合测流时，浮标应投放至流速仪测流的边界以内，使两者测速区域相重叠。

（3）用中泓浮标法测流，应在中泓部位投放3～5个浮标。浮标位置邻近，运行正常，最长和最短运行历时之差不超过最短历时10%的浮标应有2～3个。

（4）无人机浮标法测流，需要注意设置无人机停机坪，输入起飞点坐标数据；要有卫星信号，野外无卫星信号时，配备地面站；中雨以上及6级以上大风天气不适合飞行；水面太清澈无漂浮物或夜间辅助光源不足时则不能使用该方法进行测流。

（5）电子浮标投放时，除满足上述要求外，还需要注意使用的场所是否有通信信号的覆盖（联通/移动/电信），以方便数据的传输，同时还要注意及时对仪器定期进行充电。

3.3.2 浮标法测速

根据《河流流量测验规范》（GB 50179—2015）的要求，浮标法测流主要工作内容包括：①观测基本水尺、测流断面水尺、比降水尺水位；②投放浮标并观测每个浮标流经上、下断面间的运行历时，测定每个浮标流经中断面线时的位置；③观测每个浮标运行期间的风向、风力（速）及应观测的项目；④施测浮标中断面面积；⑤计算实测流量及其他有关统计数值；⑥检查和分析测流成果。

水面浮标测速时，取一段较规则、长度不小于10m、无弯曲、有一定液面高度的河床，测其平均宽度及水面高度，然后取一漂浮物，在无外力的影响下（如风、漂浮物阻塞等）进行投放。

电子浮标应采用高强度材料制作，浮标随水漂流，可通过浮球内置高精度GNSS模块来测量水面流速、流向等要素。通过通信模块，实时采集显示浮球漂流的轨迹、时间、位置、流速、流向等数据。通过软件的地图功能，实时获知浮球位置，测量人员根据浮球的位置，进行寻回。有些电子浮标造价较低，也可以不收回。

电子浮标操作简单、数据相对准确，可实现智能化信息存储。电子浮标法，通常可获取以下信息：总漂浮距离、总漂浮历时、平均漂浮历时、瞬时最大最小流速等，可切割任意断面流速，结合断面面积，估算断面流量。对于多个电子浮标，还可切割生成任意断面的横向流速分布、结合高程信息，可估算任意长度河段的平均比降等。

流量通过流速与河道断面的乘积获得，采用水面浮标法测流时，宜同时施测水道断面。河道断面面积由测宽、测深等计算获得。

当人力、设备不足，或水情变化急剧，同时施测水道断面确有困难时，可按下列规定选择断面：①断面稳定的测站，可直接借用邻近测次的实测断面；②断面冲淤变化较大的测站，可抢测冲淤变化较大部分的几条垂线水深，结合已有的实测断面资料，分析确定。

3.4 成果检查和误差控制

3.4.1 测验成果检查

测验成果应按"随测、随算、随整理、随分析"的原则进行检查分析。

在进行测点流速、水深和起点距的测量记录检查时，应结合测站特性、河流水情以及测验现场的具体情况，对每一项测量和计算成果进行现场核查。

点绘浮标流速横向分布图和水道断面图，应对照检查分析浮标流速横向分布的合理性；当发现有反常现象时，应检查原因，有明显的测量错误时，应进行复测。

流量测验成果应在每次测流结束的当日进行流量的计算校核，并进行合理性检查分析。

3.4.2 误差来源及控制

1. *浮标法误差的主要来源*

浮标法误差来源主要包括以下几个方面：

（1）浮标系数采用误差。

（2）断面借用或断面测量的误差。

（3）使用全断面浮标法时，浮标分布不均匀或有效浮标过少，导致浮标流速横向分布不准确而产生的误差。

（4）使用深水浮标或浮标测流的河段内，沿程水深变化较大引入的误差。

（5）浮标观测操作误差。

（6）计时误差。

（7）浮标制作误差。

（8）风向、风速对浮标运行的影响而导致的误差。

2. *浮标法误差控制措施*

浮标法误差控制措施主要有：

（1）加强浮标系数试验分析。

（2）条件允许时尽量采用实测断面，并按有关测宽、测深规定控制断面测量误差。

（3）使用全断面浮标法时，控制好浮标数量及横向分布位置，使浮标流速横向分布曲线具有较好的代表性。

（4）应按《河流流量测验规范》（GB 50179—2015）规范要求对浮标测速的技术要求及测流使用的浮标统一定型的有关规定进行实测。

思 考 题

1. 浮标法与流速仪法的区别是什么?
2. 浮标法的测流原理是什么?
3. 电子浮标由哪些部分组成?
4. 浮标投放器有哪些结构?
5. 什么样的测验条件下适合使用浮标法测流?

第4章 超声波流量计

流动水体中超声波信号的传递速度与静水中传递速度不同，利用这个物理原理，以发射和接收两个换能器为一组，根据声波信号声速改变量来测量换能器之间的水流流速，按照代表流速法计算流量，这种流量测验的方法称为超声波测流法。该方法早在20世纪初就被提出，并于1919年取得试验资料。早在1955年美国爱荷华州大学第三届水力学讨论会上，Swenged和Hess就提出用超声波法测量江河流速的报告。1964年日本试制成功超声波测速装置。经过一段时期的实践总结，1985年ISO组织制定并颁布了专题国际标准"ISO 6416 超声波法测流 Hydrometry—Measurement of discharge by the ultrasonic (acoustic) method"。我国在20世纪七八十年代也曾在几个代表性测站上开展过应用试验。相当长时间里，超声波测流被当作声学测流的代表，随着单点多普勒流速仪ADCM的出现，之后性能更强的声学多普勒流速剖面仪ADCP、HADCP、VADCP的出现，声学流速（流量）计成为一个通称，为了便于区分又兼顾历史，超声波测流这一名称被保留并仅指该应用形式。

超声波测流最大优点是可以自动测流，但对测验河段与水流条件要求较严格，对设备稳定性也有较高要求，在自然河流上应用其精度效果不够理想，与水文测验技术规范要求普遍还有一些距离，并没有在水文测验领域得到推广。目前世界上较多用于港口、河道的测流，但其中大量是工程应用，主要用来监测水流进出大小。由于更多被HADCP和VADCP替代，超声波测流更集中在管道、涵洞、渠道以及港口等场景中应用，已经很少用于水文测验。

超声波测流按其信号工作模式分时差法和频差法两种类型，使用最为普遍的是时差法。一般情况下，除非特别说明，超声波测流就是指超声波时差法测流，相应的设备组成即超声波流量计。

4.1 工作原理及仪器结构

4.1.1 工作原理

声学时差法是一种基于流速面积法原理的流量测量方法，它通过测量单层或多层的平均流速，进而推算出整个断面的流量。与水接触面的糙率稳定一致的规整渠道、管道，也可以采用流速分布理论公式推算过水截面的流量，尤其在满管管道上效果比较好。

声学时差法的测速原理比声学多普勒测速要简单得多。在静水条件中不同水温、盐度下的声波传播速度是已知的。在流动水体中，顺流传播的声速比静水声速大，逆流传播的速度比静水声速小。声波顺水和逆水传播时，因为水流流速作用而出现相对静水声速的差异,利用声波脉冲信号发射接收的时间计算出实际传播速度,对比静水声速就能测得水流速度。这种计算脉冲信号时间差的超声波测流方法简称为"时差法测流"。回波信号波形难免发生改变,每个回波检波位置的相位精准度就非常重要,除了信号放大等办法外,通常采用多测回观测并依靠数值选统计来避免粗大误差影响。另有一种采取对比相同时长上发射去和接受到的脉冲数量的改变,即以单位时间内脉冲数的增减量来反算信号传输时差,除了首尾两个脉冲以外其他信号波形变化对信号处理影响并不敏感,所以理论上频差法效果优于时差法,但全过程中不能有明显干扰,这对于自然河流要求有点高,因此频差法采用得并不多。

在实际应用时,在河流两侧水下某一高度,面对面安置一对换能器,见图4.1,两个换能器之间的距离称为声程L,水流方向与AB成的夹角为θ,水流在AB方面的分速度为v_1,若该层水流平均速度为v,则$v_1 = v\cos\theta$,超声波在静水中传播速度可用c表示。

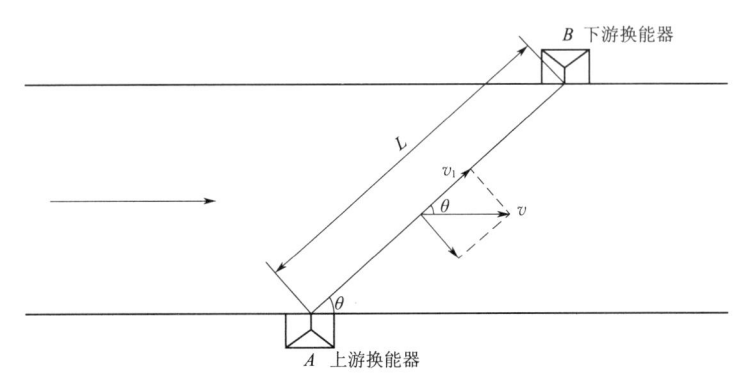

图 4.1 时差法测流原理示意图

如果上游换能器A作为送波器向对岸发射超声波(即顺流),经T_1时间后,被作为受波器的下游换能器B所接收,此时超声波的速度是$c+v_1$,超声波在水流中的传播历时为

$$T_1 = \frac{L}{c+v_1} \tag{4.1}$$

式中 T_1——换能器A到换能器B之间的声波顺水传输时间,s;
   L——声程,m;
   v_1——水流在AB方向的分速度,m/s;
   c——声波在静水中传播速度,m/s。

反之,若以B作为送波器,A作为受波器(即逆流),在相同的水流速度影响下,超声波的速度应是$c-v_1$,其传播历时T_2为

$$T_2 = \frac{L}{c-v_1} \tag{4.2}$$

式中 T_2——换能器B到换能器A之间的声波逆水传输时间,s。

则

$$v_1 = \frac{L}{2}\left(\frac{1}{T_1} - \frac{1}{T_2}\right) \tag{4.3}$$

$$v = \frac{v_1}{\cos\theta} = \frac{L}{2\cos\theta}\left(\frac{1}{T_1} - \frac{1}{T_2}\right) \tag{4.4}$$

式中 θ——水流方向与换能器 AB 连线之间的夹角，一般为 $45°$。

因此，根据式（4.4），只要测出超声波顺、逆流传播时间 T_1、T_2，即可求出水层平均流速 v。

超声波测流量有两种方法：一是沿河岸边选择一个合适的固定位置安放一对换能器，测得一层流速计算出流量，此为单层测流法；二是沿河岸边安设多对换能器，测得几个水层的平均流速计算出流量，此为分层测流法。多层测流法用于水位变幅显著的断面，可以解决单层代表流速因其相对水深变化较大导致代表关系关系不稳定不一致的情况。声学时差法能够实现流量自动测量，适用于无人值守的测站。

（1）单层测流法。两个换能器安装在河流两边，声波传输时通过整个断面，实际传输速度受断面上这一水层所有水流速度影响。因此测得的时间差是断面上这一水层平均流速影响的结果，得到的是断面这一水层的平均流速。由此水层平均流速，可以根据实际流速资料推求整个作断面平均流速。在测速的同时测量水位，由水位推算出水断面面积。在简单的情况下，可用公式（4.5）计算出流量。

$$Q = k_a v A \tag{4.5}$$

式中 k_a——断面流量系数，通过断面流量系数将水层平均流速转化为断面平均流速；

v——水层平均流速，m/s；

A——过水断面面积，m^2。

（2）分层测流法。当测验断面水位变幅大，测验断面受回水影响、断面形状不规则和垂线流速分布与理论分布差异较大等情况时，或流量测验精度要求较高时，可安装多组换能器，测得多个层流的平均流速，可提高流量准确度。分层测流的计算有两种方法，即国际标准 ISO6416（*Hydrometry—Measurement of discharge by the ultrasonic transit time (time of flight) method*）所称的部分中间法（Mid-section method）和部分平均法（Mean-section method）。两种分类实质是部分流量计算的分类，与 ISO748（*Hydrometry—Measurement of liquid flow in open channels—Velocity area methods using point velocity measurements*）关于流速仪法测流的明渠流量计算方法是一致的。现以 4 对换能器的多层测流法的布置方式为例，对这两种流量计算方法进行说明：

1）部分中间法。部分中间法的含义是以相邻实测流速位置的中线来划分部分面积，即实测流速在部分面积中间而直接视作部分平均流速。如图 4.2 所示，4 组换能器，分别测得相应水层的流速为 $v_1 \sim v_4$。河底与第一组换能器水平线的中间位置取一条分界线，四组换能器各自的水平线之间的中间位置取 3 条分界线，这样，6 条分界线各有长度 B_i，在水面和河底之间划分出水下 5 个部分面积，各自的高度用 ΔH_i 表示。4 组换能器测得 4 个层流速即为所在部分的部分平均流速，贴近河底部分采用河底流

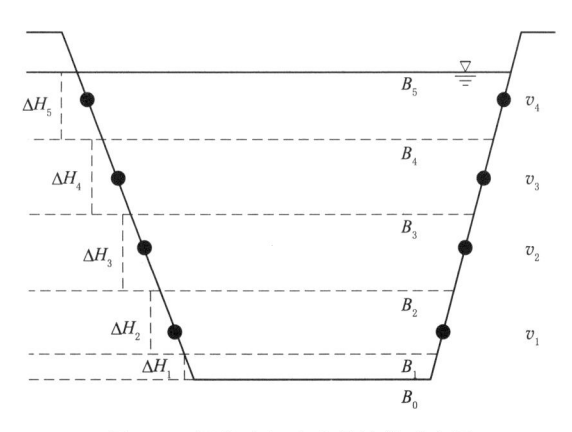

图 4.2 部分中间法流量计算示意图

速系数 k 与 v_1 相乘，作为这一部分的部分平均流速，k 的取值一般介于 0.4～08 之间。于是，部分流量 q_i 与总流量 Q 可表示为

$$\begin{cases} q_1 = \frac{1}{2}(B_0 + B_1)\Delta H_1 \cdot kv_1 \\ q_2 = \frac{1}{2}(B_1 + B_2)\Delta H_2 \cdot v_1 \\ q_3 = \frac{1}{2}(B_2 + B_3)\Delta H_3 \cdot v_2 \\ q_4 = \frac{1}{2}(B_3 + B_4)\Delta H_4 \cdot v_3 \\ q_5 = \frac{1}{2}(B_4 + B_5)\Delta H_5 \cdot v_4 \end{cases} \tag{4.6}$$

$$Q = q_1 + q_2 + q_3 + q_4 + q_5 \tag{4.7}$$

2）部分平均法。部分平均法的含义是以实测流速位置划分部分面积，即两个相邻实测流速的平均值视作所夹部分面积的部分平均流速。如图 4.3 所示，4 组换能器所在水平线，将整个断面水下分割成 5 个部分，显然这里 ΔH_i 表示的部分面积高度与中间分割法不一样。每个部分的部分平均流速用相邻两组换能器的层流速的平均值来表示，顶部面积的平均流速 v_s 可利用插值的方式计算求得，即

$$v_s = v_4 + (v_4 - v_3)k_s\frac{\Delta H_5}{\Delta H_4} \tag{4.8}$$

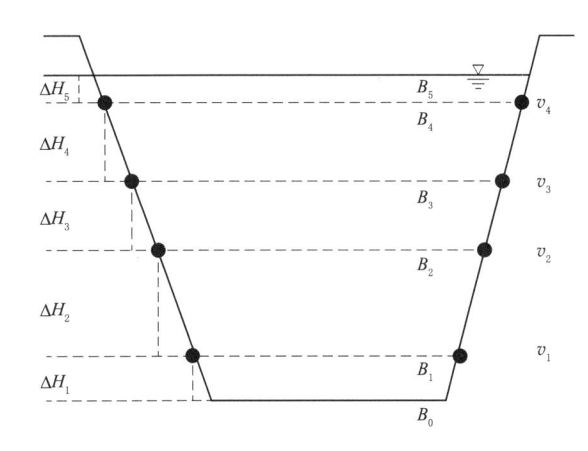

图 4.3　部分平均法流量计算示意图

式中 k_s——水面流速系数，介于 0～1 之间，若 $\Delta H_5 > \Delta H_4$，则 v_s 的上限为 $v_4 + (v_4 - v_3)$。

河底部分的平均流速 v_B 则仍采用流速系数计算

$$v_B = k_B v_1 \tag{4.9}$$

式中 k_B——河底流速系数，一般介于 0.7～0.9 之间。于是，部分流量 q_i 可表示为

$$\begin{cases} q_1 = \frac{1}{2}(v_B + v_1)\frac{1}{2}(B_0 + B_1)\Delta H_1 \\ q_2 = \frac{1}{2}(v_1 + v_2)\frac{1}{2}(B_1 + B_2)\Delta H_2 \\ q_3 = \frac{1}{2}(v_2 + v_3)\frac{1}{2}(B_2 + B_3)\Delta H_3 \\ q_4 = \frac{1}{2}(v_3 + v_4)\frac{1}{2}(B_3 + B_4)\Delta H_4 \\ q_5 = \frac{1}{2}(v_4 + v_s)\frac{1}{2}(B_4 + B_5)\Delta H_5 \end{cases} \tag{4.10}$$

总流量的计算与式（4.7）一致。

4.1.2 仪器结构

按穿越测验河段的声波声道和信号传输方式的不同，在工作方式上存在单声道、交叉声道、应答式、多声道、反射式等各种形态。有的具体应用可能只涉及单一形态，有的可以兼有多种形态，甚至按实际需要对不同工作阶段设计成不同的形态。

1. 结构组成

声学时差法流量计一般由一组（或几组）声学换能器、岸上测流控制器、信号电缆、电源组成。测流控制器安装在岸上，用信号电缆连接有关声学换能器，控制整个系统的工作，可以定时或按需要发出信号，使换能器发射声脉冲进行测流。声学换能器接收测流控制器的指令发射声脉冲，并将接收到的声脉冲信号传送到测流控制器。声学换能器内可装有水位传感器给测流控制器传送水位，也可以从测站现有水位计给测流控制器传送水位。测流控制器根据声脉冲在水中的传播时间、水位数据、大断面数据或水位面积关系、流量系数或代表流速关系，计算传播时间差和水层平均流速，再计算过水断面面积和断面平均流速，从而得出流量。

信号电缆用于测流控制器和声学换能器之间的电源、信号连接，跨河架设电缆往往比较困难。采取"应答式"和"反射式"时，可以不架设过河电缆。有些采用无线传输方式，也可免于架设过河电缆。

2. 测流工作方式

按河流情况和测流要求不同，声学时差法流量计采用不同的构成方式。声学时差法流量计的各种工作方式，如图4.4所示。

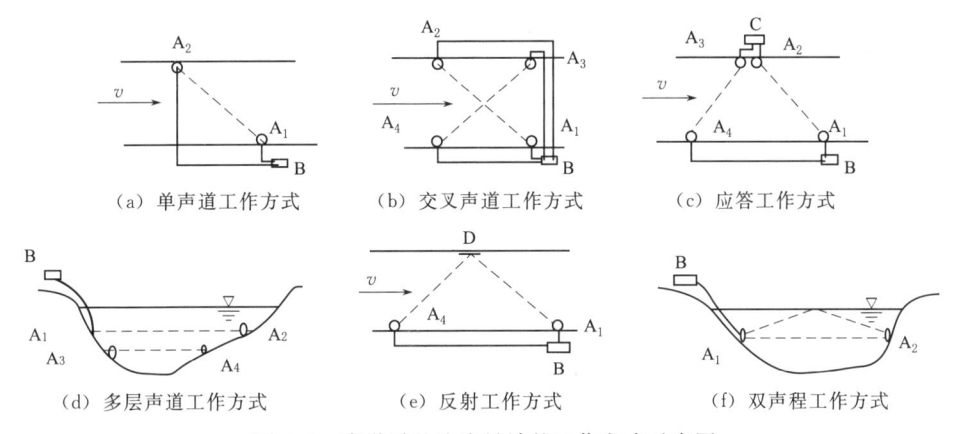

(a) 单声道工作方式　(b) 交叉声道工作方式　(c) 应答工作方式

(d) 多层声道工作方式　(e) 反射工作方式　(f) 双声程工作方式

图4.4　声学时差法流量计的工作方式示意图
A—换能器；B—测流控制器；C—副控制器；D—反射体

（1）单声道工作方式。单声道工作方式是最基本的形式，只在河两岸安装 A_1、A_2 两个换能器，用一个声道测量断面平均流速。A_1、A_2 两个换能器均兼有发送接收声脉冲的功能，用跨河电缆连接在一起。测得 A_1 发射 A_2 接收和 A_2 发射 A_1 接收的声脉冲传输时间，就可以计算出时差，测得平均流速。单声道工作方式只能测得相应垂直于过水断面的流速分量，因此适用于河流流速和断面基本垂直的河段。流向不太稳定的话，这种方式的测流精度可能达不到要求。

（2）交叉声道工作方式。交叉声道工作方式需在两岸设置两个交叉的声道，安装两组4个换能器，用两个声道测出平均流速和主流流向。A_1、A_2 声道测出 A_1、A_2 连线上的流速分量，A_3、A_4 声道测出 A_3、A_4 连线上的流速方量。两声道间夹角为已知，可以算出平均流速和平均流向。由于声道上声脉冲的传输受整个断面上的流速流向影响，所以测量计算所得到的流速、流向是断面上的平均流速及其相应流向。权重占比相对较大的流速，其流向对相应流向的影响较大。交叉声道工作方式适用于断面上流向不一致、流向不稳定的测流断面。

（3）应答工作方式。应答式不需要架设跨河信号电缆，特别适用于通航河流和较宽的河流。主岸侧架设 A_1、A_4 换能器和测流控制器，在对岸同一地点架设 A_2、A_3 两个换能器，配备副控制器和单独的电源。测流时，测流主控制器控制 A_1 向 A_2 发送声脉冲，A_2 接收到后，将信号送到副控制器，在副控制器的控制下，A_3 立即向 A_4 发射声脉冲，A_4 接收到后，将信号通过信号电缆送到测流控制器，测流控制器计算出这一方向的声波传播时间。然后，测流控制器控制 A_4 向 A_3 发射声脉冲，A_3 接收到后，在副控制器的控制下，A_2 立即向 A_1 发射声脉冲，A_1 接收收到后，测流控制器计算出这一反方向声波传播时间。计算上述两次声波传播时差，就可得到断面平均流速。由于声道两次跨越断面，平均流速计算方法和前述不同。这种工作方式，所有信号传输都在同侧河岸进行，所以不需架设跨河电缆，但对岸有仪器设备，需要在两岸都备有电源。也有仅使用一对换能器的特殊形式，A_1 反射后即改为接收，A_2 接收后马上改为发射，从而实现同路应答，即在图4.6（c）中相当于 A_2 即 A_3，A_4 即 A_1。

（4）多层声道工作方式。声学时差法流量计的一个声道只能测得一个水层的平均流速。如果水深变化不大，用一个水层的平均流速可以很好地推算出断面平均流速。如果水深变化较大、变化较复杂，用一个水层流速推求断面平均流速的不确定性较大时，可采用多层声道工作方式。通过对不同水深布设多层声道，测得多个水层平均流速，以此推求断面平均流速，或用来计算部分水层流量。每个水层的布设方式可以是上面介绍的3种布置的任一形式。多层声道工作方式用于水位变化较大、水深较深、流态复杂、流量测量要求高的断面。受安装条件和维护条件的限制，天然河流一般情况下很少有布设3层以上声道的。

（5）反射工作方式。反射式的布置类似于应答式，但在对岸只有1个简单的声波反射体，没有复杂的仪器也不用电源，更不需要用过河电缆。反射体将 A_1（A_4）发射的信号反射回主岸的 A_4（A_1），反射信号被主岸的换能器接收，由此测得相应的时差。这种方法较简单，造价低，但声波反射会减弱信号，所以只能用于小河和渠道。甚至还可以采取 A_1 发射的信号正面反射回来由 A_1 接收的方法，更为简单。

（6）双声程工作方式。这是一种特殊的方式，它的配置和单声道工作方式基本一致，但它能测到两个声程各自的平均流速。一个声程是两个换能器之间的连接直线声程，和单声道工作方式一样。另一个声程是经水面反射后的反射声程，如图4.6（f）所示中经水面反射的折线。这样的功能可以测得更多位置的流速，当仪器为较低位置安装（例如在最低水位以下）时，可以补充测量水位变化升高后上部区域的流速。这种方式可以用在水位变化较大的中小河流，它能多测一个断面上部水体的流速，比多层声道工作方式节约，安装也较为容易。不过，这个水面反射的流速，代表性不如多层声道工作方式。

4.2 适用的水文环境

1. 时差法声学流速仪的特点

时差法声学流速仪能够自动测流，这一技术手段在流速仪法测流为主的时代具有重大意义。在安装到位、比测率定并进入使用阶段之后，它的内业工作量小，数据利用时效高。它不需要测流渡河设备，不存在操作安全问题，也不存在流速仪法那样较高的劳动强度；它不破坏天然水流状态，单次流量的观测历时短，便于抢测洪峰；是受回水顶托、浮冰、潮汐和闸坝频繁调节等影响下难以建立水位流量关系的测站，可以考虑利用的测流手段；超声波测流的流速量程范围大。但超声波测流对测验河段的选择和要求都比较严苛，因声学测量的物理特性，当含沙量大、水中紊流气泡较多的情况下，测量结果有较大的误差。

2. 时差法声学流速仪的性能

根据《流速流量仪器 第2部分：声学流速仪》（GB/T 11826.2—2012）中的规定，时差法声学流速仪的性能应满足以下要求：

（1）测速范围应至少满足 0.08～2.00m/s，测量距离应至少满足 5～1000m，分辨力为 0.01m/s，或 0.001m/s；根据不同河段和换能器之间距离可选择 0.1～10s 作为采样周期。

（2）流速大于 0.5m/s 时，其相对误差不大于±3%；流速小于等于 0.5m/s 时，其绝对误差不大于±0.015m/s，置信水平应不小于 95%。

（3）入水深度不小于 H，H 与声程 L，声速 v_a 和换能器频率 f 有关：

$$H = \sqrt{Lv_a/2f} \tag{4.11}$$

（4）仪器应能在含沙量分别不大于 $3kg/m^3$、$5kg/m^3$ 和 $10kg/m^3$ 的水体中正常运行，应能在无过量气泡，无水草和大的漂浮物的水体中正常运行。

（5）由于超声波在水中的传播速度与水温有关，因此仪器宜具备温度-声速的补偿功能。

（6）声道应无同频干扰，水体应无明显水温梯度。

（7）平均无故障工作时间应大于等于 8000h。

3. 时差法声学流速仪的适用环境

声学时差法流量计的测量原理明确，声学意义上的测速准确度也高，是一种较好的流量自动测量仪器。虽然可以布设多组换能器测量多层流速，但并不能直接描述断面流速分布，因此仍要和流速仪法测流进行比测。

时差法流量计可以用于河流，但在渠道、管道上应用效果更好。时差法流量计不适宜用于断面变化很大和过于宽浅的断面。通航船只、茂盛的水草、气泡、紊流等都对声波信号产生干扰甚至阻挡。两岸安装声学换能器采样过河电缆传输信号的，要有防雷保护还要取得通航影响评估批准。有的时差法流量计功耗较大，如不用交流供电，会需要较多的蓄电池供电。总之，选用时差法超声波流量计，必须预先考虑河道条件和安装条件，选择合适的工作方式。

4.3 安 装 与 使 用

1. 时差法声学流速仪的安装

时差法声学流速仪的安装主要是声学换能器的安装，由于声学环境是非常重要的使用条件，所以在采用超声波测流前，要确认整个测验河段应当顺直，河槽规整，附近没有排或引水口门，水流平稳、没有紊流，水下没有水草。换能器的中心轴方向应与断面线成45o夹角，相应的测验河段长度至少为1倍河宽，应答式需要的河段长度要2倍以上河宽。

声学换能器采用连接件固定安装在水下一定深度，通常在河边设置固定桩体或利用陡坡岸壁安装换能器。有条件可采用建造专用斜轨并安装滑车，使得换能器借此移动、停放到不同水层，以适应水位变化按需调整实测流层的高度。固定桩或斜轨都必须安装牢固，使得换能器在目标位置上姿态恒定，能够准确对准对岸的换能器，角度偏差控制在允差范围内。还需要适当考虑对换能器的保护措施，例如防撞，防淤，防人为破坏等，并且对水流没有较大的扰动。对跨河电缆一般采取河底铺设，架空线过河的话，要有完善的防雷和防干扰措施，通航河流都要按照规定设置相关的助航警示标志。有条件的宜采用不需跨河电缆的应答工作方式。测流控制器安装在室内或室外仪器舱内，自动测流的测站还应保证数据通信的稳定可靠。

2. 时差法声学流速仪的使用

（1）流量关系的建立。仪器安装后要进行比测，建立代表流速关系、水位面积关系，直接计算虚流量的则需要率定流量系数。现场比测以转子式流速仪按精测法测流或走航ADCP测流为准。无论单层还是多层，各层流速都应该能很好地对全断面平均流速具有较好的代表性，有条件的宜采用多声道工作方式以更好适应断面水位变幅影响。

（2）自动测流系统的应用。时差法流量计组成的测流系统需要和电源、通信系统连接。有时要接入外接自动水位计或将输出数据接入遥测系统。组建系统要按要求配置各种硬件、及软件接口。

系统工作前要按要求设置各类参数。开始工作后，应能长期自动测流，并记录和传输出测得数据。测流数据可能存储在仪器内，也可能通过专用（标准）接口输出。

4.4 维 护 与 校 准

1. 声学时差法流量计的维护

（1）仪器日常维护主要包括：跟踪整体运行状况；检查并清理淤积或缠绕在换能器周

围的杂物、水草、淤沙等；在可能的情况下，定期检查水下传感器的安装稳固性、仪器姿态稳定性；定期校核参数，检查电源工作状态，清洁太阳能板。

（2）汛前、汛后应对系统进行定期全面维护，定期检查应对设备运行状态进行全面检查测试，发现和排除故障，更换存在问题的零部件，并进行比测检验或重新率定。

（3）不定期检查应根据具体情况而定，包括专项检查和检修，应急检查等。

（4）对系统出现的各类故障，应分析原因，及时安排人员到现场检修或更换故障设备，核查参数信息，记录检修维护档案。

2. 声学时差法流速仪的校准

声学时差法流速仪的校测在仪器的正常观测使用期进行，可以定期或不定期进行比测率定或检验，多年稳定的可适当放宽率定间隔，但检验仍需每年进行。

4.5 故障分析与处理

1. 信号丢失或弱信号

可能的原因包括：

（1）水质问题：水中含有大量悬浮物或气泡，会散射或吸收声波。

（2）换能器对准问题：换能器未正确对准或安装角度不合适。

（3）换能器表面污染：换能器表面被泥沙、藻类等覆盖。

这些问题可以通过尽量选择水质较好的测量位置，避开高悬浮物区域，调整传感器的对准和安装角度以及清洁传感器表面来解决。

2. 测量值异常

可能的原因包括：

（1）流速剧变：河道内存在漩涡、回流等复杂流态。

（2）电子干扰：测流系统受到外部电磁干扰。

（3）换能器损坏：换能器出现物理损坏或老化。

可以通过多次测量并取平均值的方式排除异常值，检查并消除可能的电子干扰源，以及更换或修理损坏的传感器。

3. 换能器无法通信

可能的原因包括：

连接线缆损坏：连接传感器和数据采集系统的线缆出现问题。

接口松动：连接接口未牢固连接。

设备故障：数据采集器或传感器内部故障。

这些问题可以通过检查并更换损坏的线缆，确保所有连接接口紧密连接，以及进行设备自检，查找并修复内部故障的方式解决。

4. 数据处理错误

可能的原因包括：

（1）软件错误：数据处理软件存在 bug 或设置错误。

（2）校准错误：测流系统未正确校准。

（3）人为操作错误：操作人员在数据处理过程中出现失误。

可以更新或修复数据处理软件修复软件错误，重新校准测流系统，以及培训操作人员，确保其熟练掌握数据处理流程。

思 考 题

1. 简要说明声学时差法测流的工作原理。
2. 时差法测流时可以从哪些方面控制测流误差？
3. 如何利用时差法的测速结果计算流量？
4. 如何正确安装时差法流速计？

第5章 声学多普勒流速仪

声学多普勒流速仪是利用声学多普勒频移效应进行流速测量的仪器。根据结构形式以及功能的不同，可分为声学多普勒点流速仪（Acoustic Doppler Velocity meters，ADV）和声学多普勒流速剖面仪（Acoustic Doppler Current Profiler，ADCP）。其中，ADCP又细分为走航式和固定式，固定式又再分为水平式（H-ADCP）和垂向式（V-ADCP）两种。另有一种以锚系浮标方式把走航式ADCP固定浮停在某处水面进行定点测流的特殊方式。

5.1 工作原理及仪器结构

5.1.1 工作原理

1. 多普勒频移及其测速

1842年，Christian Doppler发现：当频率为f_0的振源与观察者之间存在相对运动时，观察者接收到的来自该振源的辐射波频率将变为f'。例如，迎面而来或者飞驰而去的火车，其汽笛声比它停车时候的声调要尖厉或低沉。这种由于振源和观察者之间存在相对运动使得接收到的振源信号频率相对于原频率产生改变的现象，被命名为多普勒效应，频率变化称为多普勒频移。利用多普勒效应，通过频移量就能计算出运动的相对速度。用到测量时，由测量仪器发出辐射波，再接收被测物体的反射波，测出频移，算出速度。工作原理如图5.1（a）所示。图中，I_1为振源，A为被测体，I_2为接收器。I_1、I_2是固定的，A以速度v运动。I_1发射的频率为f_0的辐射波经A反射后被I_2接收，I_2接收到的反射波的频率为f'，则多普勒频移f_D的计算公式为

$$f_D = f' - f_0 = f_0 \frac{v}{C}(\cos\theta_1 + \cos\theta_2) \tag{5.1}$$

式中　C——辐射波的传播速度；
　　θ_1、θ_2——v和I_1A、I_2A连接线的夹角。

仪器固定后，C、θ_1、θ_2、f_0均为常数，于是可得

$$v = \frac{C}{f_0(\cos\theta_1 + \cos\theta_2)} f_D = K f_D \tag{5.2}$$

由此可知，流速v与f_D呈线性关系。这是反射式多普勒测速的基本公式。声波脉冲发射出去以后，在传播的途中会不断遇到水流中的泥沙、胶体、藻类等悬浮物质，从每一处反射回来也在不断继续散射反射，根据声速、信号返回时差t，按$\frac{C \cdot t}{2}$确定反射点位

置（C 表示声波传播速度），再综合沿程从近到远的所有反射信号分析处理其实际多普勒频移，可以计算得到声束上每一位置点上所发生的多普勒频移。因此在实际使用时，借用水中悬浮物的运动速度来反映流速。

当仪器的发射接收器采用同一个声学换能器，即 I_1 就是 I_2，换能器发射声脉冲后就停止工作马上等待接收这些声脉冲的回波，由于 $\theta_1=\theta_2$，计算也更为简单。

换能器发射的信号有很好的方向性，并且向前扩散形成的波束能够做得较窄，虽然反射声波以全反射形式扩散，但正面反射信号最先抵达，换能器可以首先接收来自声束上的反射信号，也就是测得实际流速 v 在声束方向上的流速分量 v_1，如图 5.1（b）所示。流速分量 v_2 与声束垂直，不会产生多普勒频移。如果另外增设换能器，各自声束方向与原有声束互相交叉一定角度，测得两个以上流速分量，通过各声束与仪器中心轴的空间关系进行矢量合成，得到实际流速 v 相对于仪器的流速值及其方向。

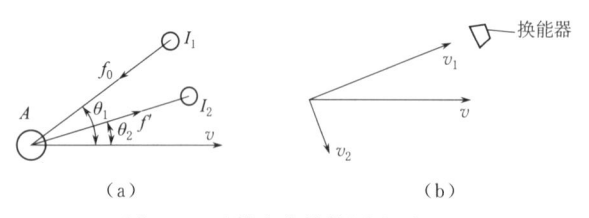

图 5.1 反射式多普勒测速原理图

2. 声学多普勒流速（剖面）仪

（1）多普勒点流速仪。测量点流速的 ADV 按照换能器布置可分 1 个收发共用换能器、1 发 1 收一对换能器、1 发 2 收 3 个换能器和 1 发 3 收 4 个换能器 4 种形式。例如图 5.2 中的两款。有的仪器自带内置罗盘，它们一般采用 3~4 个换能器，可以同时测量流速及流向。多普勒点流速仪按照只接收换能器前固定距离位置反射波进行结构设计，这个距离通常是 5~20cm 左右。使用多普勒点流速仪测流，需要注意仪器放置位置，有的还需要正面迎向水流，以保证正确测到目标位置的水流流速。

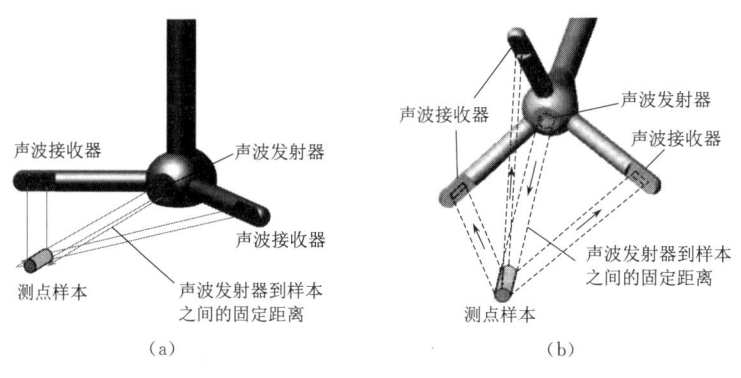

图 5.2 测量点流速的 ADV

（2）走航式声学多普勒流速剖面仪 ADCP。流速剖面仪中，走航式 ADCP 一般采用 3 或 4 个换能器测量流速，均为收发一体的换能器，各个换能器在各自发射信号并在自己声束方向上接受自己的反射信号，分别得到波束方向上的频移并计算出波束方向上的流速后，按照几个波束的空间关系，合成基于整个仪器坐标系上的流速流向。部分 ADCP 增加了专属的垂直波束，用于测深和增强垂向流速观测。几乎所有 ADCP 都带有内置罗盘，

5.1 工作原理及仪器结构

因此可以得到磁方位下的流向，还可以为操作软件接口诸如 GNSS 接收机、电子罗经、测深仪等外部设备，增强 ADCP 测量的能力以及提高数据质量。与转子式流速仪、测流浮标、电波流速仪、电磁流速仪等各种测流手段相比，ADCP 包含了更丰富的技术内容，它集多种学科技术于一身，技术非常复杂。

假设水体中反射声波的微小物质与水流的流速一致，水体中局部区域的流速一致，那么在这个区域内投入所有的声束进行的多普勒流速剖面测量就具有系统一致关系。ADCP 首先直接测量沿声束方向的流速分量，根据几个声束与仪器中心轴的夹角关系，将声束方向上的流速分量转换成仪器坐标下的流速分量。利用罗盘（方向）、倾斜计（纵摇、横摇）数据，将仪器坐标下的流速分量转换成地球坐标下东向、北向和垂向 3 个流速分量。这就是 ADCP 从 4 个波束上的 V_0、V_1、V_2、V_3，转换为仪器坐标系上的 V_X、V_Y、V_Z，最后转化为地球坐标系上的 V_E、V_N、V_U 的过程（图 5.3）。最后的"地球坐标系"还有方位磁坐标、真方位坐标的不同。

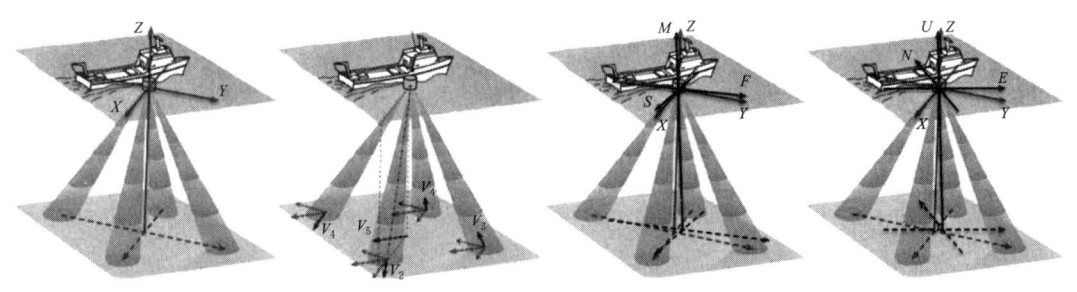

（a）仪器坐标示意图　　（b）径向流速示意图　　（c）仪器坐标与船坐标示意图　　（d）仪器坐标与地球坐标示意图

图 5.3　ADCP 坐标转换示意图

虽然利用声速和信号发射接收时间差可以定位声束上任意位置点，但 ADCP 无法处理太多的数据量，因此采用分段接收并处理一批信号的频移来提高效率，这一批频移来自两个固定的位置间隔中的所有反射，所以 ADCP 测到的是声速上这一段水体的平均流速，这个声速区段称为单元，长度是可以设置的。单元是互相连接的，所以从理论上来说，ADCP 流速剖面是完整的流速分布。

由于同一换能器收发信号，发射信号后马上转入接收状态需要声波换能器立即停止震动需要时间，这个时间里无法处理回波信号，于是相应形成了测不到流速的工作盲区。而声束是斜向发射的且有一定开角，主声瓣的外侧还伴随有声波的旁瓣，声波传播越远这个圆径就越大，靠近河底的时候旁瓣会先于主声瓣反弹，要排除旁瓣回波再加上主声瓣触底的单元的大小也不会完整，所以仪器根据测深距离，排除靠近河底的部分的反射回波，形成底部工作盲区。此外，走航测流时候因为船只无法进入、上下盲区作用、水草占据等原因，无法完全测到水边，导致在左右岸出现测速盲区。以上参见图 5.4。

水面、河底、岸边盲区的存在，使走航式 ADCP 的断面测流数据不完整，只能依靠理论系数、经验系数或外延计算进行推算。

走航式 ADCP 的流量计算采用的是向量积（叉乘积）的双重积分。流速、船速及其夹角，构成平面叉积，其实它的面积就是一个向量与它在另一个向量垂直方向上投影分量的乘积。所以，航迹弯曲还是平直，与走航式 ADCP 测流准确与否并没有关系。平面叉乘积再加一个垂直条件成为六面体，每一步航迹对应一个微体积，即一个流量单元。航迹线上所有单元按顺序水下左右相连排列，好像垒了一个墙体，其形态即流速剖面，整个空间体即水文测验意义上的流量模。显而易见，走航式 ADCP 与流速仪法测流原理上溯源一致。

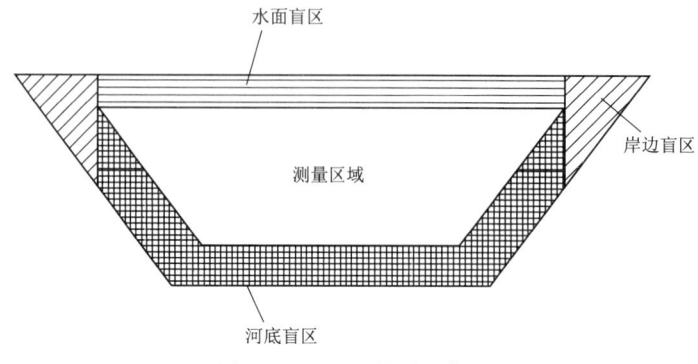

图 5.4 ADCP 的测速盲区

（3）固定式 ADCP。固定式的 HADCP 一般采用 2 个换能器测量流速（也有个别产品采用第 3 个换能器专门测量仪器中心轴方向上的流速），VADCP 一般采用 3 个换能器测量流速（也有个别产品采用 4 个换能器测速），HADCP 和 VADVP 都会另外带有一个垂直换能器用于测量自己的入水深度，同时带有压力式传感器测量水深。HADCP 测得的是水平面上流速及方向的连续分布，VADCP 测得的是垂直立面上流速及方向的连续分布。

水平式的 HADCP 测速示意图如图 5.5 所示，两个波束在同一测速工作面上，安装仪器时候要求测速工作面尽量水平。水平式 ADCP 测速时，首先假定反射声波信号产生多普勒频移的水中悬浮物是和水流等速运动的。同时假定在距仪器一定距离内两波束相应测点处的流速大小方向是相同的，并且和断面上相应测点处的流速大小方向也是相同的，如断面上 i 点的流速为 v_i，两波束上 A、B 点的流速为 v_A、v_B，且 A、B、$i3$ 点在垂直于断面的同一直线上，即假定 $v_A=v_B=v_i$。实际上水流是变化的，A 和 B 的流速和流向并不是完全恒定，而且仪器的中心轴也很难与水流方向完全垂直，因此 A、B 两点的流速会有差异，但计算上仍视为在

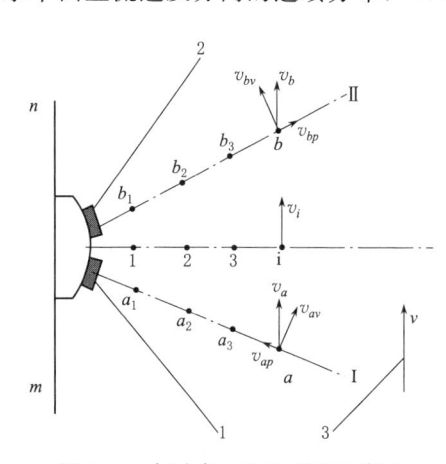

图 5.5 水平式 ADCP 测速示意图
1—换能器 1；2—换能器 2；3—水流

同一流线上，这样就会在仪器中心轴及其垂直方向上得到两个流速分量，可以沿着仪器中心轴用流矢线来显示各单元的流速及其偏角。我们在计算流量的时候实际需要采用的是断面方向上的流速，当仪器中心轴与断面方向有偏差的时候，需要进行偏角改正。

垂向式的 VADCP 的测速原理与 HADCP 相似，只是它的测速工作面是与流向平行的垂直立面。

5.1.2 仪器结构

1. ADV

ADV 有直连式和自容式两种，如图 5.6 所示，仪器总体结构一般采用两段式，换能器支架与控制器分别位于两端。仪器可以用专用测杆固定安装，放置到水中测点位置。ADV 传感探头很小，对水体的干扰很小，非常适合浅水条件下的测流。由于测速精度高、扰动水流程度轻、水深占位小，因此很适合枯水流量的观测。

图 5.6 可进行三维点流速测量的 ADV

2. 走航式 ADCP

走航式 ADCP 仪器样式基本趋同，现有主流产品都是活塞式的，四个测速波束加一个测深波束。另有平面相控阵、双频活塞式的类型。仪器中集成了磁通门罗盘、姿态传感器、温度传感器。操作软件可以同步进行外接 GNSS、外接电子罗盘、外接测深仪等数据通信。如图 5.7 所示，为四声束的活塞式和平面相控 ADCP。

走航式 ADCP 依靠船载实现横渡断面，大河上通常采用船载方式，但在小河上尤其低水和低流速情况下则要考虑避免船体扰流影响，为此后来更多采用专门的浮体，如采取小艇牵引、缆道牵引、人工索牵引、桥上牵引等方式横渡，目前无人船搭载 ADCP 的方法正在成为迅速普及。如图 5.8 所示为专用三体船。

活塞式　　　　平面相控陈

图 5.7 走航式 ADCP

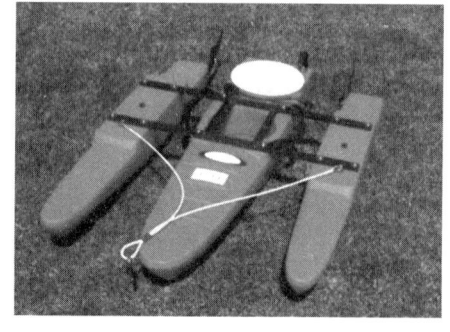

图 5.8 装载走航式 ADCP 和通信电台的浮体船

在船载、三体船、无人船等不同的搭载方式上，ADCP 的通信方式也有不同，有电缆直连、数据链单台连接、蓝牙模块连接、网络通信平台连接等多种方式。

3. 水平式 ADCP

仪器由水下部分（换能器）、水上的流速流量显示器组成，两者用电缆连接；水下部分包括一组测速的超声换能器和一个测量水位的超声换能器，如图 5.9 所示。

4. 垂直式 ADCP

仪器由水下部分和水上测控记录仪部分组成，用电缆连接。水下部分是测速和测水位的声学换能器，如图 5.10 所示。

图 5.9 水平式 ADCP　　　　图 5.10 声学多普勒流量计（V-ADCP）

5.2 性能与适用条件

1. ADV

ADV 主要用于实验测流、小渠道测流和水文站枯水测流，其现场适应性较好，抗污水环境使用有一定优势。通常使用的 ADV 采样频率为 10Hz 至 50Hz，最大可达到 1Hz 至 200Hz，测速量程通常在 4m/s 以内，测速精度通常为 0.1%～1%。

2. 走航式 ADCP

走航式 ADCP 的工作频率一般有 300kHz、500kHz、600kHz、1000kHz、1200kHz、1500kHz。频率高则分辨力相对高，但量程相对短，穿透力相对弱；频率低则分辨力相对小，但量程相对大，穿透力相对强。一般来说，1200kHz 左右工作频率适用大部分水文测站，600kHz 左右工作频率适合很大水深的水文测站，含沙量特别大且水深足够深的测站可以采用 300kHz 工作频率。ADCP 可以测量的最大水流速度通常高达 5m/s，但需要性能可靠的渡河载体支撑保障。

3. 固定式 ADCP

H-ADCP 固定安装在水中，长期自动工作。适用于中小河流的流量自动测量，某些小河必要时可能需要对测验河段进行渠化，水深足够、水位变幅不大且断面流速分布平缓稳定的大河站也能够得到理想的应用。通常 H-ADCP 的工作频率有 300kHz、600kHz、1200kHz，声束距离分别达到 300m、90m、25m，适合不同规模的河道。

V-ADCP 主要适用于渠道，固定安装在渠底，不适合在有推移质泥沙的条件下使用。工作频率有 1200kHz、2400kHz，声束距离分别达到 10m、2.4m。由于较难适应自然河流中的安装使用，故未在水文测验中得到应用。

5.3 安装与使用

5.3.1 ADV

ADV 通常被连接到专用测杆上使用，如图 5.11 所示。使用随设备提供的电缆将

ADV 连接到显示设备,如手持设备或计算机。将相应的软件安装在计算机上,以便进行数据处理与显示。

图 5.11 ADV 的手持设备与使用示意图

开始测量之前,检查设备连接情况,检查设备状况,确保正常后,开启设备,通过键盘界面进行初始设置,比如位置、深度、时间、采样频率等参数。将 ADV 传感器放入水中,确保传感器与水流的主要方向对齐。在 ADV 控制器上点击"测量"按钮采集流速数据。如果需要在不同位置进行测量,可以移动 ADV 设备到下一个位置进行测量。测量过程中应当稳定保持在水中,要避免接触河底或避开漂浮物。

在完成所有测量后,将 ADV 控制器连接到计算机,下载采集的数据,通过专业软件对采集的数据进行处理,包括校正、滤波和数据分析等。

5.3.2 走航式 ADCP

各类走航式 ADCP 的安装与使用差别不大,下面仅就典型的安装与使用过程进行介绍,具体产品与型号需根据产品特点与软件操作流程进行安装与使用。

1. 走航式 ADCP 的安装

(1) 盖板的安装。将 ADCP 换能器放在软垫上竖起,用螺丝和平垫圈将盖板固定,如图 5.12 所示。

(2) 换能器与三体船的组装。

1) 利用钢丝绳、螺丝和平垫圈将三体船组装好,并将折叠部位用螺栓固定。

2) 将安装好盖板的换能器放入三体船内,将其固定。

3) 连接 I/O 线缆和牵引绳(图 5.13)。

(3) 电源安装。关闭 ADCP 电源,将电池盒或蓄电池放入指定位置,正确连接正负极。

(4) I/O 线缆连接。先检查电缆是否有腐蚀现象,然后在公插针和母插口上涂抹硅基润滑脂(图 5.14),它既能提供良好的密封防水效果同时不影响触电的导电,插上电缆连接器然后扣上拉环以帮助固定,连接后,擦掉外部多余的润滑剂。

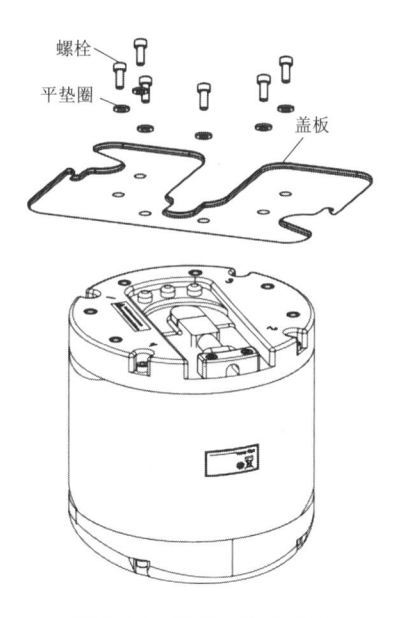

图 5.12 盖板安装示意图

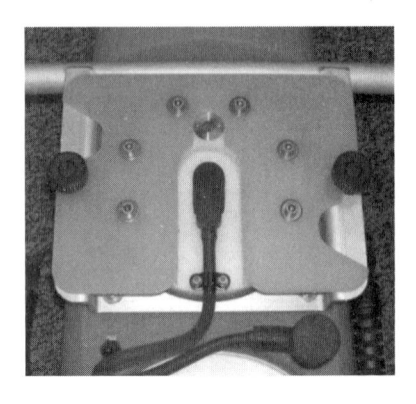

图 5.13　换能器与三体船的组装 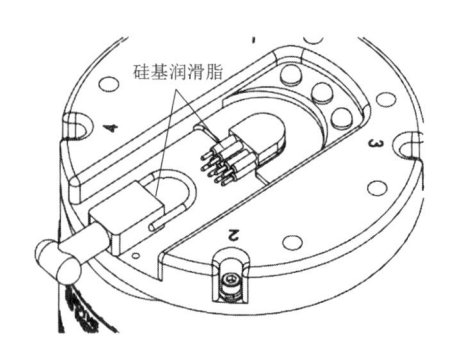　　　　图 5.14　I/O 线缆连接示意图

（5）无线连接。在计算机上安装好 ADCP 的程序与软件，开启电源，利用蓝牙或数据链天台进行通信连接。不同型号和品牌的 ADCP 会有不同的连接和操作步骤，具体安装与连接步骤需参考制造商提供的用户手册或技术支持文档。

2. 走航式 ADCP 的使用

声学多普勒流速仪安装使用前应进行外观检查，包括检查仪器是否有污损和变形的情况，并检查仪器电源、线缆和无线通信的物理连接情况。测前应对声学多普勒流速仪进行仪器自检，并根据现场条件对仪器参数进行设置。流量测验的现场操作应参考以下要求进行：

（1）测船的航迹应当与流向尽量垂直，船舷不应有大幅度摆动，航迹不要扭曲摆动。测船横渡速度宜接近或略小于水流速度，并且尽量保持匀速。测量时，测船应从断面下游驶入断面，在接近起点位置时，航行速度沿断面保持正常速度，直至终点。岸边部分较大的，在起点和终点位置应当稳定停留采集 5~10 个数据的时间，短时间内平稳且快速起步离开和减速到达。

（2）每一单程测量，均应记录其航次、横渡方向、左/右水边距离、原始数据文件名等信息。

（3）应选择合适的外推方法（常数或指数方法等），估算上、下盲区流量。岸边流量的估算，应正确选用岸边流量系数。鉴于算法的原因，当采用自定义系数时，应当取流速仪法岸边流速系数的一半。

（4）流量相对稳定时，应进行往返测量，总航次为偶数，取均值作为实测流量值。无论多少航次，有效航次的走航总历时不少于 720s。（潮）流量在短时间内变化较大时，可只测一个单程。对于河口区宽阔断面，同一断面宜采用多台仪器分多个子断面同步施测，并且各部分同一航次的航向要相同。

（5）在测验结束后应对测验情况及结果进行评价。按软件"回放"模式对每组原始数据进行审查，保证数据的完整性、正确性以及参数设置的合理性。计算实测区域占整个断面的百分率（代表测验的完整性），记录各种可能影响测量结果的现场因素，可以采用专用软件评价走航测量的质量。

5.3.3 水平式 ADCP

1. 水平式 ADCP 的安装

水平式的 H-ADCP，可如图 5.15 所示安装。

H-ADCP 的安装，需要根据事先试验分析确定的位置高度、依附的工程结构进行设计，仪器端的安装结构需要满足维护更新的拆装便利，需要有方便可靠和易于操作的仪器姿态调节结构，并设置防止水下漂浮物冲击的防护装置，妥善设置电缆布线的槽道，整个结构还需要避免各种水下漂浮物的缠绕。

对于水体泥沙、污染情况较严重的，采用工作井结构隔绝内外水体，以专用的声学材料制作声学窗口供 H-ADCP 声波正常工作。根据 H-ADCP 左右声束角各为 20°，考虑波束的声学旁瓣，因此需要在仪器的正面左右各 45°度的范围内应当没有遮挡物。

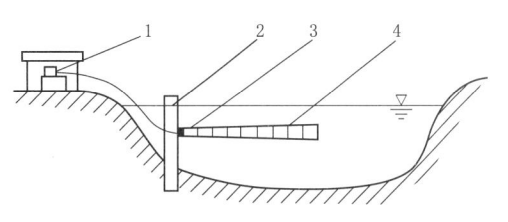

图 5.15 H-ADCP 安装示意图
1—数据采集器；2—安装支架；3—测速传感器
（包括水位传感器）；4—测速剖面上某一测速单元

安装和使用中要注意，仪器的姿态应能保证所观测的始终是所设定的水层和指向。仪器中心轴应平行于测流断面，夹角不超过 10°。安装时还要保证两个波束中心线在一个水平面上，即既不前后俯仰也不左右摇摆。如果声束平面不水平，左右倾斜过大，两个声束上相同位序单元的流速就来自不同水层，在声束远端，上下会相差很大。如果前后倾斜过大，所得到的流速也不在同一水层。

H-ADCP 设备的连接并不复杂，主要工作是需要注意电缆的安全，需要做好防水、防雷措施，避免电磁干扰。由于设备为低压直流供电，因此宜在控制室采用升压器将 12V 电压升至额定工作电压的最大值，这样可以使得经过长距离线路损耗后抵达仪器端的电压不至于过低而造成停机。根据系统集成的方式（电脑、工控机、RTU、通信机等），确定配套的数据接口和电源系统。

2. H-ADCP 的使用

（1）选择合适的频率。电缆敷设距离短的可以选择较高的频率，距离长则选择较低的频率。频率高，抗干扰强；频率低，抗干扰弱。设置时需要针对实际情况，合理确定。

（2）测次间隔。对于连续实测流量过程线法来说，测次间隔体现了对流量变化控制的需要，也是抑制随机误差并提高时段输水量精度的需要。考虑到自动观测可能受到环境影响，如船只阻挡声波、水中漂浮物等会造成信号错误产生伪误差，因此其测次宜密集，通过测次冗余可以批判和丢弃伪误差数据，并无须进行插补、改正仍可以满足需要。

（3）观测历时。水流脉动对测速的影响，转子式流速仪和声学多普勒流速仪都同样存在。因此，固定式 ADCP 测速历时的选择与流速仪法是相同的，按照测站流速仪测流的历时要求执行。

（4）姿态控制。采用代表流速法测流，代表流速的代表性是否稳定，对全断面平均流速的计算尤为关键。如果仪器姿态发生变化，声束偏转明显，测到的流速就偏离了代表流速固有的空间位置,也就不是真正意义上的代表流速,用来计算流量就会产生偏差。因此,需要经常检查仪器姿态和进行必要的调整。H-ADCP即便只有很小幅度的姿态变化,都会导致声束远端测点的上下位置发生较大的变化。检查姿态变化是否需要调整时,在声束计算区段范围内,任一位置点,因仪器其俯仰导致的上下变化和摇摆导致的左右声束高差,都不能超过其0.05倍水深,否则应该及时进行姿态调整。

比如,若某站H-ADCP(波束角20°)安装时,纵摇角度(俯仰角)为0.12°、横摇角度(横滚角)为0.08°,工作量程为60m。声束的工作量程范围中,仪器中心至河底点俯角为最小、相对最远处的水深为2.00m。其姿态控制的计算分析为:sin(0.12)×60=0.13(m),sin(0.08)×tan(20)×60×2=0.06(m)。0.13大于0.05×2.00、0.06小于0.05×2.00,因此纵摇值需要调整、横摇可不调整。

(5)流速分布测试。在选定代表流速声束范围和正式比测率定之前,采用走航ADCP在预设断面上进行精细观测,根据不同水位级、不同流速级的断面流速分布样本,通过走航ADCP数据导出功能,由实测微单元数据表进行代表流速预选分析,选定合适的声束高度、声束计算宽度。也可以简单利用H-ADCP软件回放层流速的流矢图分布图、回波强度分布图,进行初步选择,再进行若干次试验性比测,选择一个相对优化的方案进行正式比测。

(6)建立计算关系。计算全断面流量,首先要建立测得的水层流速和断面流速的关系,最常用的方法是用走航ADCP测量断面流量,将其按照H-ADCP所在断面反算其断面平均流速,再和H-ADCP测得的水层流速资料进行分析,建立代表流速关系,用来计算断面平均流速。比测时应当测次充分并覆盖完整的水位级、流速级,提取关系线率定计算的样本应当从比测样本中合理选取,应当按照流速级均匀分布,不得出现不同流速级点据有多寡的情况。应用系统应当同步接入H-ADCP测流断面水位,导入大断面成果数据,接入H-ADCP输出的代表流速,实现自动计算流量,并发送给水情平台。

(7)水位变幅较大的测站,水位涨落时,固定安装点的相对水深会有比较显著的变化,安装点所在水层所观测到的流速与断面平均流速的关系会发生改变,流速对应关系因此出现偏离,有条件的测站可以采取H-ADCP安装高度可变的形式,来适应相对水深变化影响,以使得流速关系有更好的代表性,这样的措施对比测工作的要求很高,工作量也相当大。如果断面基本呈梯形,河底平坦,流速横向分布平缓,可以采取较为简单的办法,基于代表流速的水平区间所对应的部分面积取其平均流速,按流速垂向分布规律,进行相对水深变化的改化系数分析,通过改化系数修正实测流速来优化计算。

5.3.4 垂直式ADCP

1. V-ADCP的安装

V-ADCP安装在河渠底部,且在人工渠道中应用较多,如图5.16所示,因此其安装可以在渠道工程建设中一并设计,将底座、电缆管道一并敷设在混凝土结构中。已建渠道的后装V-ADCP,通常采用高强度金属框架、水下底座进行安装。

渠道断面都比较规则,因此一般选择在中泓位置安装。要求安装稳固,仪器轴线指向与底坡垂直,声束平面应与河渠的纵轴线平行。为防止河底有物体顺流冲击仪器,可以采取下沉式安装，使仪器换能器面的高度在河渠底面以下。

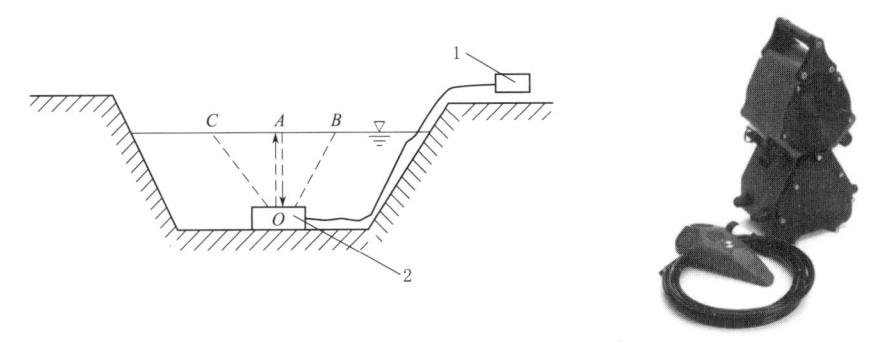

图 5.16　V-ADCP 测流示意图与实物图
1—数据采集器；2—测速传感器（包括水位传感器）
注：图中 A、B、C 为 3 个波束示意

V-ADCP 也可以采取特殊的向下发射的方式，固定安装在水面附近的特殊结构上，向下测量垂线流速。走航式 ADCP 也可当作 V-ADCP 安装使用，可以采取坐底安装或水面浮标安装，在某些较大河面的测站，可以采用浮标安装走航 ADCP 方法，以多个实测垂线和多个部分断面，建立多个代表流速关系，组合测流。

2. V-ADCP 的使用

V-ADCP 直接观测垂线流速，因此不需要进行声束流速分布的测试分析，只需将仪器安装在主流区域位置中即可，然后通过比测建立代表流速关系。规则渠道测流，可以不必比测率定代表流速，直接利用流速分布理论确定系数来计算流量。

采用 V-ADCP 测流，可以同步接入外部水位计的水位数据，也可以采用 V-ADCP 自身实测水深，依据大断面成果数据计算断面面积。

5.4　维护与校准

5.4.1　声学多普勒流速仪的维护

（1）注意防止碰撞，以免震坏换能器及内部元件。

（2）换能器面不能压在硬物上，也不能长期受太阳光照射。每次用完后要清洗擦干 ADCP 表面。

（3）每次插 ADCP 上的插头时，要抹一点硅脂。

（4）插好 ADCP 上的插头后，要锁好锁圈，而在拔下插头前，一定要先松开锁圈。ADCP 不须标定。

（5）不能承受强烈振动和敲击，换能器表面注意保护不能划伤，不要自行拆开 ADCP。

（6）三体船和主机应该分离运输（折叠式除外），电台不可在三体船内存储。

5.4.2 声学多普勒流速仪的检查

ADCP 设备难以在生产厂以外进行全部性能检测和声学指标测试，国际标准给定 ADCP 的测量误差不超过 1%，因此 ADCP 制造条件以外的测试仅具有仪器工况检查的实际意义。

走航 ADCP 的多普勒频移准确度对于水跟踪和底跟踪是等效的，底跟踪的多普勒频移准确度在全航迹上也是等效的，每一单元航迹长度准确仅与多普勒信号结算有关，即使存在罗盘误差，也不影响航迹累积总长，所以航迹长度的误差就间接反映了多普勒频移解算准确度。对于出厂已经校准、性能正常的 ADCP，采取航迹对比完全可以反映多普勒频移解算准确度，航迹长度误差即可近似判断流速测量的可靠性。所以，一般情况下可只进行底跟踪测试即可完成比测检查。

对 ADCP 可以进行的各种比测检查主要有：

(1) "底跟踪" 单项比测。选择无水草、无推移质运动、地势比较平整的河床，采用 RTK 同步进行位移量和速度比测（GGA 和 VTG 参考），比测直线距离应不小于 200m，航速不超过 1m/s，重复比测各不少于 3 次，起讫距离误差应不大于 0.5m，速度误差应不大于 0.03m/s。有条件的还可以利用水池（或静止自然水体）内 50m 导轨上固定位置点之间的闭合差测试，误差不大于 0.1m。

(2) 具有理想测验河段和观测环境条件的，可以用流速仪精测法进行断面流量比测，大中小流量级均匀分布，建议不计入岸边部分。如果需要计入岸边部分，需要采用相同的岸边垂线、岸边面积和岸边系数。比测中使用声速剖面仪精确测量并为 ADCP 设定声速，考虑系统误差中包括部分中间法与部分平均法所造成的系统偏差、岸边部分算法的偏差，比测结果的随机不确定度应不大于 6%，系统误差应不大于 4%。不具备断面流量比测条件的，也可按水跟踪、底跟踪分项测试。

(3) "水跟踪" 单项比测。在稳定流条件下，且无河床推移质影响，采用精密流速仪，在 0.2~0.8 相对水深之间任意选点，不少于测站消除脉动误差所规定的测速历时，同步进行连续 60 个测次以上的单元流速比测，流速的随机不确定度不大于 5%，系统误差不大于 2%。

(4) 水深温度声速的比测。以高精度单波束测深仪为参照，以水中不同水深或平距比对，误差应不大于 1%。使用水温表进行水温比测，水温观测误差应不大于 1℃。使用声速剖面仪（检定有效期内）进行声速对比，误差应不大于 0.5%。

思 考 题

1. 什么是多普勒效应，如何使用多普勒效应进行流速测量？
2. 走航式 ADCP 安装有哪些要求？
3. 怎样进行声学多普勒流速仪的维护？
4. 声学多普勒流速仪比测方法和要求有哪些？
5. 走航式 ADCP 的外接设备配置要求有哪些？

思 考 题

6. 简要说明 H-ADCP 的使用方法。
7. 使用走航式 ADCP 测流时有哪些注意事项？
8. 说明 V-ADCP 的安装与使用方法。
9. H-ADCP 测流误差有哪些方面？
10. 在外界磁场干扰影响条件下，用走航式 ADCP 测流有哪些影响？

第6章 电波流速仪

我国对河流、渠道、水库的流速流量测验中，大部分采用常规的转子式流速仪、浮标法等测验方法测得流速，再通过速度面积法将流速转换为流量，为我国水文测验工作和资料整编作出了重要贡献，但这些方法也存在着一定的局限性。随着科技的迅猛发展，先进的测流方法和仪器不断研发和生产出来，并在水文行业得到了逐步的推广应用，电波流速仪即是其中的一种。

电波流速仪，也称电波（雷达）流速仪，在陆上通过微波在空气中的传输测得水面流速，是专用于测量流体表面流速的仪器，属于非接触测量。其特点是测量速度快，主要用于野外巡测和洪水、溃坝、决口、泥石流等应急测量，尤其适用于汛期抢测洪峰，适合在水利、水文监测领域使用。

电波流速仪测速时不受水面漂浮物、水质、水流状态的影响，可用来代替浮标测流。超出常规手段的高洪流量测量，无固定测流设施的水量调查，传统水文测验方法不能方便实施时，可采用电波流速仪法。当出现溃坝、分洪、泥石流、堰塞湖等特殊水情时，应采用电波流速仪开展应急监测。

6.1 工作原理及仪器结构

6.1.1 工作原理

电波流速仪与ADCP的基本原理都是采用多普勒效应，但使用的波频率不同，ADCP使用的是超声波或声波，而电波流速仪使用的是微波或雷达波，因此，电波流速仪也可以称为微波多普勒测速仪。超声波在空气中传播时衰减很快，只能在水中测量。而微波在空气中传播时衰减很小，因此，电波流速仪可以在陆上通过微波在空气中的传输测得水面流速。

电波流速仪的测速示意图如图6.1所示。工作时，雷达枪向水面发射微波或雷达波，当流速仪与水体以相对速度 v 发生运动时，雷达流速仪发出的电磁波经过水面反射所收到的电磁波频率与雷达自身所发出的电磁波频率有所不同，此频率差称为多普勒频移，通过解析多普勒频移与相对速度 v 之间的关系，得到流体表面流速。实际测得的是波浪的流速，可以认为，水的表面是波浪的载体，它们的流速相同。

按照多普勒原理有：

$$f_D = 2f_0 \frac{v}{C}\cos\theta \tag{6.1}$$

式中 f_D——多普勒频移，为接收的反射波频率 f' 与发射的辐射波频率 f_0 之差；

v——水面流速（垂直于测流断面）；

C——电波在空气中的传播速度，$3 \times 10^8 \mathrm{m/s}$；

θ——发射波与水流方向的夹角，应是俯角 θ_1 和方位角 θ_2 的合成。

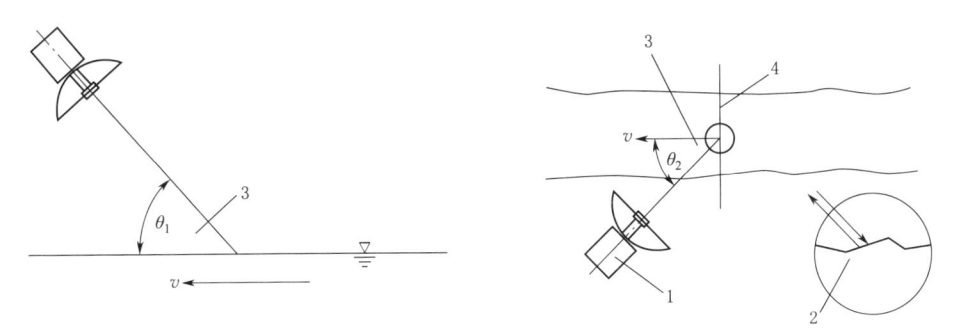

图 6.1 电波流速仪测速示意图

1—电波流速仪；2—水面波浪放大；3—θ_1 为俯角，θ_2 为方位角；4—测流断面

由式（6.1）经换算后，可得

$$v = \frac{C}{2f_0 \cos\theta} f_D = K f_D \tag{6.2}$$

具体应用中，电波流速仪可在桥梁、水工建筑物、岸上，以固定安置、临时架设或人工手持方式使用。电波流速仪测得的是其发射接收天线对准水面处的水面流速，即一个"点流速"。电波流速仪适用于较大流速。当流体流速比较缓慢时，雷达波在平静的水面上形成镜面反射，雷达流速仪几乎接收不到反射回来的电磁波信号，将会影响测速。

由电波流速仪的测速结果，推求垂线或断面平均流速，然后再利用过水断面面积，即可利用流速面积法计算断面流量。

6.1.2 仪器结构

电波流速仪产品，根据仪器结构、安装和使用方式等进行划分，主要有以下仪器类型：

（1）一般测速的电波流速仪。这种仪器需要人工操作，一次测量水面某一点的流速，一般多为手持型。

（2）自动测速的电波流速仪。这类仪器一般安装在某一固定点上，长期自动测记对准的水面流速。

（3）自动扫描式电波流速仪。国外此类电波流速仪发展较快，一些产品可以自动测得俯角，也有扫描式产品，扩大了自动测速的功能。发展中的自动扫描式产品可以在海岸上扫描几平方公里甚至几十平方公里范围内的海面流速分布。在河流流速测量中，国外也在试用扫描式电波流速仪，可以固定安装在岸上，甚至装在无人机、直升机上进行水面流速自动测量。

以下分别对几种常见仪器类型的结构进行简要介绍。

1. 手持式电波流速仪

手持式电波流速仪标准配置包括测速头 1 个、锂电手柄 1 个、充电器 1 个、手提箱 1

个，另可选配备用锂电手柄、座充充电器、三脚架、罗盘瞄准器等配件。手持式电波流速仪种类较多，名称也较多，如电波流速仪、手持雷达枪、微波流速仪等，该类仪器及其基本构成如图6.2和图6.3所示。

图6.2 电波流速仪

（a）三脚架　　（b）锂电手柄　　（c）座充

（d）显示屏及操作按键　　（e）罗盘瞄准器及安装

图6.3 某型号电波流速仪仪器构成

测速头装有发射体和天线，向水面发射微波，同时接收水面的反射波，并进行信号处理，计算出水流速度。

2. 固定式雷达流速仪

固定式雷达流速仪属于自动测速的类型，该测流系统主要包括雷达流速仪、太阳能电池板、数据电缆、控制箱、立杆、横杆等设备，如图6.4所示。测流系统也可接入多个雷达探头，相当于布设多个测量垂线，相邻雷达可以设置不同发射频率。

雷达流速仪通过发射微波并感知水面流速来实现流速的测量。整个测流系统还包括太

6.1 工作原理及仪器结构

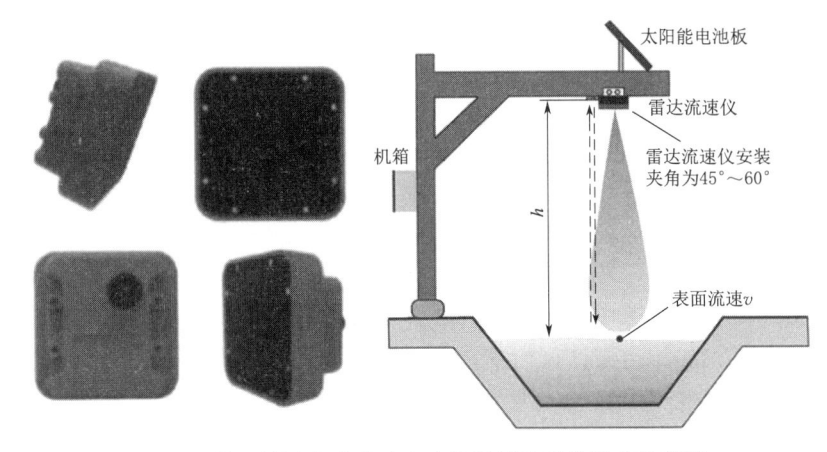

图 6.4 某型号固定式雷达流速仪及测流系统组成示意图

阳能电池板，它为系统提供必要的电力支持；数据电缆则负责电力供应、数据收集和传输等功能。控制箱负责仪器的控制、维护以及数据的传输和下载。此外，立杆和横杆等支撑结构确保了控制箱、太阳能电池板和雷达测速仪的稳定安装和正常运作。这些组件共同构成了一个电波流速仪测流系统。

3. 缆道式雷达测速系统

缆道式雷达测流设备也属于自动测速的类型，该测流设备主要设计安装在水文缆道行车架或铅鱼上（图6.5），以非接触方式测量水流表面流速，借助水文站现有的铅鱼缆道设施，测量每条垂线水面流速，配套测流软件，可计算断面流量。在蓄电池寿命期内，可一直免维护运行。需要有配套带拉偏索的绞车缆道，通过无线或有线传输测流数据。

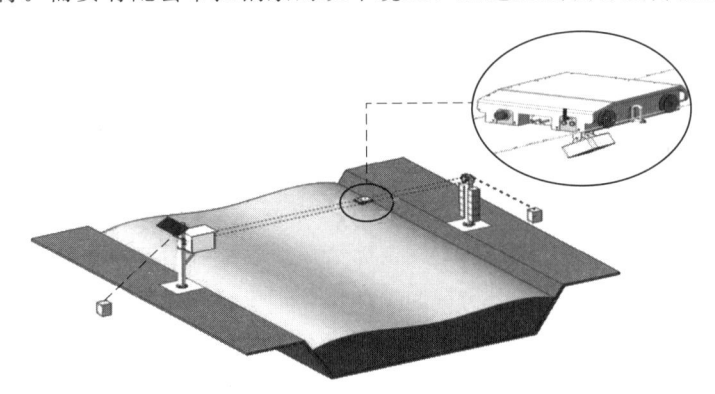

图 6.5 缆道式雷达测速系统示意图

4. 扫描式雷达测速系统

将雷达扫描技术用于电波流速仪测速，就构成了扫描式雷达测速系统，根据反射电磁波的频移计算被测目标的运动速度。此系统可以固定安装在岸上，系统构成也包括雷达流速仪、太阳能电池板、数据电缆、控制箱、立杆、横杆等设备。

图 6.6 为某型号侧扫雷达在线测流系统，该系统采用非接触式雷达技术，利用信号超分辨处理算法对雷达信号进行处理，快速获取河流表面的流速分布，实现对河流表面流

场、网格点流速的连续监测;采用嵌入式流量计算模型技术,完成断面平均流速计算;通过同步监测水位,获得实时过水断面面积;利用嵌入式计算机技术,完成实时流量在线监测;可通过 GPRS、北斗卫星等不同数据传输方式上传至中心站,从而实现全天候、连续自动河流流量监测与数据传输。

5. 无人机雷达波测流设备

通过无人机平台搭载雷达测速装置在河道断面指定位置开展非接触式测流,率定所测表面流速与断面平均流速,建立流量计算模型,主要用于河道、渠道等断面流量测量。

无人机雷达波测流系统由空中设备(图 6.7)、地面设备两部分组成。空中设备由无人机、增稳云台、无线雷达流速仪构成,地面设备由无线接收终端、移动终端构成。空中设备与地面设备之间通过无线方式进行通信。

图 6.6 某型号侧扫雷达在线测流系统　　图 6.7 某型号无人机雷达波测流设备

6.2 适用的水文环境

6.2.1 仪器特点

微波雷达不受温度梯度、压力、空气密度、风或其他气象环境条件的影响,可全天候全天时稳定工作。水面波浪和漂浮物有利于测量,不仅容易得到稳定的流速数据,测程也更大。由于电波流速仪属于非接触测量,所以不受泥沙、污水腐蚀、水毁等因素的影响,仪器不用埋于水下,也方便维护。

《水文仪器基本参数及通用技术条件》(GB T 15966—2007)规定了电波流速仪的基本参数要求,见表 6.1。

以下简要介绍手持式电波流速仪和固定式雷达流速仪的主要特点。

1. 手持式电波流速仪

手持式电波流速仪具有体积小、自重轻、自动化程度高、操作简便等特点,广泛应用于野外巡测、防洪排涝、污水监测等领域,可适应各种复杂的水面波浪环境,尤其适用于汛期和突发状况下的监测。手持式电波流速仪测量水面流速稳定可靠,流速测量精度可以达到厘米级,可在强降雨环境中使用,计时分辨率可达0.1s,数据寄存器能够暂存多个流速数据。

表6.1 电波流速仪的基本参数

仪器名称	测量范围/(m/s) 速度下限	测量范围/(m/s) 速度上限	使用范围 声程/m	使用范围 俯角/(°)	使用范围 水平角/(°)	分辨率/(cm/s)	允许误差
电波流速仪（雷达测流仪）	0.5	15	>20	20~60	0~30 / —	0.1, 1	2%

以某型号手持式电波流速仪为例,说明其相关技术指标:

(1) 测速范围广泛,从0.20~18.00m/s,能够满足不同流速的测量需求。

(2) 测速精度高,误差为±0.03m/s,确保测量结果的可靠性。

(3) 测速计时功能精确,精度达到1s,分辨率为0.1s,便于进行精确的时间控制。

(4) 测速历时可调节,范围从1~99.9s,适应不同测量时长的需求。

(5) 波束宽度为12°,确保测量的准确性和覆盖范围。

(6) 微波功率为50mW,微波频率为Ka波段34.7GHz。

(7) 测程达到100m,适用于较远距离的流速测量。

(8) 设备配备6个快捷键,操作简便快捷。

(9) 显示内容丰富,能够同时显示瞬时流速、平均流速、测速历时、回波强度、流速方向和发射状态。

(10) 数据存储能力强,数据寄存器可以暂存10个流速数据,便于数据的记录和分析。

(11) 角度补偿功能完善,内置俯仰角传感器自动补偿,水平角可手动输入,提高测量的准确性。

(12) 工作环境适应性强,可在雨中正常测流,全防水设计,确保在恶劣天气下也能正常工作。

(13) 工作电源为可拆卸式锂电池手柄,正常工作时长可达10小时,满足长时间连续工作的需要。

(14) 工作温度范围宽广,从-30~+70℃,适用于多种气候条件。

2. 固定式雷达流速仪

固定式雷达流速仪以其卓越的技术特性,成为监测水流速度的理想工具。这种设备采用非接触式测量方式,不受温度梯度、压力、空气密度、风或其他气象条件的影响,确保了全天候全天时的稳定性和可靠性。它搭载了专业的测流控制算法和高灵敏度雷达天线,能够精确捕捉微小的表面流速变化,即使在复杂流态下也能提供准确的数据。

该流速仪具备内部倾角补偿功能,确保测量结果的精确性,同时能够探测水流方向,为水流动态分析提供重要信息。多使用K波段24GHz频率的电磁波,不仅功耗低,而且能在极端天气条件下稳定工作,支持宽输入电压范围,适合太阳能电池供电,适用于河道、明渠以及地下排污井等环境的水流表面流速监测。

此外,雷达流速仪可以设置不同发射频率,有效避免多点近距离探测时相邻产品的雷达波束互扰。它能够连续获取流速数据，数据输出稳定，实现流速的实时监测，尤其在需要 7×24h 在线监测的场合，能够替代人工作业，提供连续、可靠的监测服务。

该设备具有多种接口方式，包括数字和模拟接口，以及可自定义的通信协议，方便接入各类系统。测速范围宽广，测量距离远，安装简单，土建量少，维护方便，外观设计紧凑，易于与现有系统整合。无论是在野外还是城市环境中，固定式雷达流速仪都能稳定运行，为水资源管理和洪水预警等应用提供了强有力的技术支持。

3. 缆道式雷达测速系统

使用缆道式雷达波测流系统进行测流，不仅是一种应对高洪测验的有效方案，也适用于常规性流量监测。它特别适合在高流速、污水以及存在大量漂浮物的条件下进行流量测验。该测流设备主要设计安装在水文缆道的行车架或铅鱼上，设备能够在蓄电池寿命期内实现免维护的持续运行。然而，这种测流方式也有其局限性：它需要配套的带拉偏索的绞车缆道，并且由于行车架的高度，当表面流速低于 0.5m/s 时，可能会导致测速结果出现较大的误差。

下面以某型号缆道式雷达测速系统为例，说明其主要技术指标：

(1) 点距范围可达±400.0m。

(2) 测速范围广泛，从 0.2～18m/s，覆盖了从低速到高速的水流速度。

(3) 测速精度极高，误差仅为±0.03m/s，确保了测量结果的准确性和可靠性。

(4) 雷达俯角可调节，范围在 20°～60°，适应不同的测量需求和地形条件。

(5) 系统支持复合断面测量，能够进行多股水流多断面联合测流，并能自动判断陡岸边。

(6) 最大运行速度达到 60m/s，保证了快速响应和高效测量。

(7) 测速时间可设定，不小于 10s，用户可以根据实际需求进行调整。

(8) 系统支持任意条数的测速垂线。

4. 扫描式雷达测速系统

侧扫雷达测流系统以其非接触式测量技术，为河流、湖泊等大面积水域的流速测量提供了一种高效、可靠的解决方案。该系统不仅适用于各种国内水域环境，还具备应急移动测量的能力，能够安装在车辆上迅速响应。安装简便，只需置于岸边，即可完成对河流表面流场及流速的测量，长期连续提供数据，对环境要求极低。在中小河流、渠道的流量监测中，侧扫雷达测流系统在抗洪救灾、除险加固、江河治理等方面发挥着重要作用，特别是在处理洪水携带漂浮物、浅滩过水等复杂流量测验任务时，表现出了极大的优势。

扫描式雷达测速系统则以其大量流速信息的获取能力，特别适合于海上波浪或流速测量，提供较准确的流量数据。它适用于大江大河的流量在线实时监测、常规流量测验站、超大洪水流量测验、浅滩过水流量测验、水运航道的流量测验以及界河流量测验测报等。该系统采用非接触式雷达技术，通过水位、过流面积、断面表面流速比的数据交互，实现流量数据的网络合成，实现全天候、连续自动河流流量监测，受气象条件影响极小，测验精度符合规范要求。尽管在河流流速测量中，扫描式雷达测速系统尚处于试用阶段，但其在海岸带测量海洋水文信息的应用已相当广泛。

以某型号侧扫雷达在线测流系统为例，其技术指标如下：

(1) 工作频率为 415MHz。

(2) 测速范围宽广,从 0.05~20m/s,覆盖了从低速到高速的水流速度。

(3) 测速误差控制在 0.01m/s 以内,保证了测量结果的高精度。

(4) 适用于室外 −10~50℃ 的环境温度,适应性强。

(5) 适用于 100~1000m 的河宽。

(6) 天线位置要求水平方向距水面 10~40m,垂直方向高出水面 20~40m。

(7) 朝向河面的视角需正对河面,法线方向允许偏离 −10°~10°。

(8) 适用于最小水深 15cm,水波纹高度最小 2~3cm 的环境,适应多种水文条件。

5. 无人机雷达波测流设备

无人机雷达波测流技术以其卓越的灵活性和高效性,在水文监测领域扮演着至关重要的角色。它不仅能够精准测量河流、湖泊等水域的流速和流量,为水资源管理提供坚实的科学依据,而且在防汛应急响应中,无人机测流雷达的快速部署能力使其能够实时获取关键水文数据,有效辅助决策制定。无人机测流雷达的应用范围广泛,包括但不限于水行政执法、水环境保护、水运航道监测,以及界河流量监测等,确保了水域环境的监管和航运安全。

无人机测流雷达技术的优势在于其高效、安全、精准的特性。非接触式测量方法保障了作业人员的安全,同时避免了对水流的干扰,确保了数据的准确性。无人机的实时数据回传功能,使得监测结果能够迅速用于分析和响应,极大提升了应急处理能力。此外,无人机测流雷达的抗干扰能力、广泛的适用性、智能化的航线规划和避障功能,都显著提高了测量作业的效率和可靠性。这些技术优势不仅优化了水文监测流程,也为水资源的可持续管理和保护提供了强有力的技术支持。

在具体技术指标方面,以某型号无人机雷达波测流设备为例,其性能表现如下:

(1) 流速测量范围广泛,从 0.3~18m/s,满足不同流速条件下的监测需求。

(2) 流速精度高,误差控制在 ±0.1m/s,确保了测量结果的准确性。

(3) 雷达波有效测距距离大于 30m,雷达波束角为 6.5°×5.5°,保证了足够的测量范围。

(4) 通信距离达到 3000m,适用于广阔的水域监测。

(5) 无人机具备最大飞行速度 40km/s,最大飞行高度 500m,以及双 GNSS 模式飞行控制,支持北斗卫星通信,提高了作业的灵活性和稳定性。

(6) 设备抗风等级高,在 6 级风以下气象条件下能正常作业,适应多种气候环境。

(7) 标配 4 组电池,支持连续作业 100min,保证了长时间的监测能力。

6.2.2 适用的测验环境

电波流速仪以其卓越的适用性和灵活性,已成为水利和水文监测领域的重要工具。这种设备能够固定安装在明渠或河流的正上方,对灌溉渠道和天然河流的表面流速进行高效测量。在面对超出常规测量手段的高洪流量测验,或是在缺乏固定测流设施的水量调查中,电波流速仪法展现出其独特的优势。特别是在溃坝、分洪、泥石流、堰塞湖等特殊水情下,电波流速仪在应急流量测验中发挥着关键作用。

在面对大水面波浪和大量漂浮物的情况，当传统的转子式和浮标法难以实施时，电波流速仪不仅便于操作，能够稳定获取流速数据，还拥有更大的测量范围。缆道式雷达测速仪适用于 200m 以内跨度、顺直河道，且在表面流速大于 0.5m/s、水流波浪明显的中小河流水文站和渠道等断面的中高水流量测验中表现出色。此外，自动扫描式电波流速仪能够覆盖海岸上数平方公里甚至数十平方公里的海面流速分布，其在河流流速测量中的应用也显示出巨大潜力，无论是固定安装在岸上还是搭载于直升机上，都能进行水面流速的自动测量。

侧扫雷达测流系统适用于建立表面流速与断面平均流速相关关系的明渠流量自动监测，特别适用于河道顺直、河宽在 30~500m、表面流速较大的自然河流断面。在水深至少 15cm、水波纹高度 2cm 以上的条件下，以及河床断面变化小、漂浮物多、水草少的测站中，侧扫雷达测流系统的应用效果尤为显著。

无人机雷达测流设备则适用于流态稳定、河道顺直、无回流紊流的测验断面，其平均流速范围在 0.2~18m/s。这种设备在无桥梁提供常规测量任务的断面，以及漂浮物多、水草少的测站中具有明显优势。然而，值得注意的是，无人机的安全运行受天气环境的影响较大，大风和大雨天气不适宜进行无人机测量。

6.3 安装与使用

6.3.1 安装要求

1. 手持式电波流速仪

手持式电波流速仪是一种设计用于便携测量水面流速的设备，尤其适合在桥梁上进行操作，直接对准水流以获取准确的测量数据。为了提高测量的准确性和重复性，建议使用三脚架固定电波流速仪，避免手持时角度的不一致性。在三脚架上，仪器的俯仰角通常设定为 45°，而在雨天则调整为 60° 以适应不同的测量条件。测量开始大约 10s 后，垂直传感器将自动锁定，此时应避免改变仪器的姿态，以确保测量数据的稳定性。

根据多普勒测速原理，雷达波束必须垂直于水流方向以准确测量流速。在雨天或暴雨情况下，除了调整降雨参数外，还应增大俯仰角以适应水面条件。雷达波束的锥度角可以设置为 12°，当仪器距离水面 10m 时，波束覆盖的范围大约为直径两米的区域，从而测量该区域内的平均流速。选择测量点时，应注意选择水面流速均匀的区域，并使用罗盘瞄准器确保波束精确对准测点。

在选择安装地点时，需要考虑测速微波的波束角，并根据仪器离水面的高度和俯仰角来估计波束在水面上的椭圆投影面积，以确保投影面大小适宜，从而保证测量的准确性。安装电波流速仪时，应将仪器稳固地安装在三脚架上（图 6.8），并确保水平，按照说明书要求连接电源和信号线。在不稳定的环境下使用时，如吊箱上，应特别注意保持俯角和水平方位角的稳定性。手持式电波流速仪的一体化设计简化了操作过程，只需手持对准水面即可进行流速测量，适用于快速部署和灵活应用。

2. 固定式雷达流速仪

固定式雷达流速仪提供了一种高效且安全的水面流速测量解决方案。该设备可以方便地悬挂安装在明渠或河流的正上方，而在野外作业时，将其置于高处不仅便于操作，还能有效防止盗窃和破坏，确保设备安全。

在土建工程的选址上，如果选择在桥梁上安装，可以直接利用桥梁结构进行系统搭建，从而节约建设成本。若选择在岸边安装，则可以通过横杆支撑太阳能面板、电波流速仪和数据电缆，并通过立杆来支撑横杆，同时在立杆上安装控制箱，构建一个稳固而高效的监测系统（图6.9）。此外，该监测系统还可以与雷达水位计相结合，形成一个综合的水位-流速-流量测流系统。

对于需要长期自动测量特定水面点流速的场合，电波流速仪应牢固地安装在固定的基础上，并对准测速点。为了获得最佳测量效果，应尽量将俯角调整至大约30°，同时保持水平方位角尽可能小。设备的电源和控制记录器应连接得当，系统设计有宽输入电压范围，既可以使用太阳能电池供电，也可以考虑220V的供电选项。

图6.8 安装在三脚架上的电波流速仪

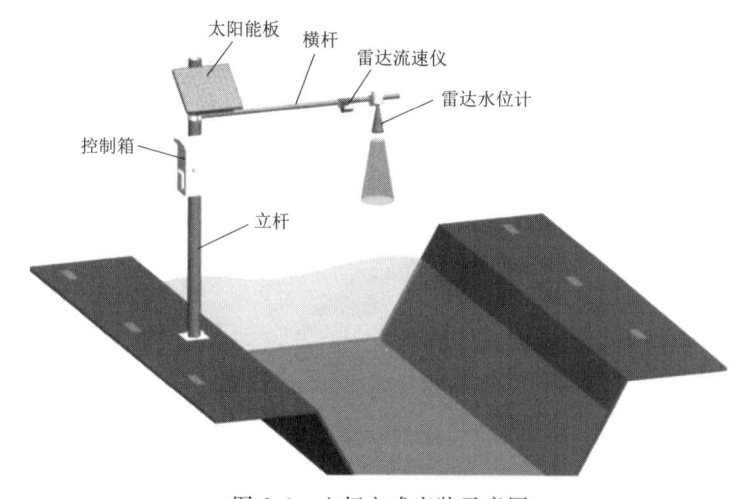

图6.9 立杆方式安装示意图

数据传输方面，电波流速仪配备了RS-485数据接口，方便用户自定义通信协议，实现数据的稳定传输，从而达成7×24h的在线监测。用户可以定期取回测得的数据，或者通过遥测系统获取实测和存储的数据，保持数据的连续性和完整性。

定点式电波流速仪的系统设计允许接入多个雷达探头，模拟布设多个测量垂线的效果。结合断面参数，可以精确计算断面流量。为了解决多点近距离探测时可能出现的雷达波束互扰问题，相邻雷达可以设置不同的发射频率，有效避免干扰，确保测量的准确性和可靠性。

3. 缆道式雷达测速系统

测流设备主要设计安装在水文缆道行车架或铅鱼上，需要借助水文站现有的铅鱼缆道设施，需要有配套带拉偏索的绞车缆道。工作温度一般在-18~50℃，需要市电供电或太阳能供电，有线、无线或局域网（含 4G 或 5G）任意网络接入。

4. 扫描式雷达测速系统

自动扫描式产品可以设置在海岸上，扫描几平方公里甚至几十平方公里范围内的海面流速分布。在河流流速测量中，可以固定安装在岸上，甚至装在直升机上。一般天线主轴垂直于河流，以实现对河流表面流场连续监测，也可由人员携带以对应急监测断面进行流速监测。安装时，应注意避开水草生长处及回流、漩涡等液态紊乱处，安装河道周围尽量避免高压线和变电站及 400MHz 左右的短波通信，雷达照射范围内尽量避免树木、桥梁、公路，且距水面 5m 以上。

工作温度一般在-25~65℃，需要有线、无线或局域网（含 4G 或 5G）任意网络接入，尽量采用市电和不间断电源的供电模式，以保持设备稳定的工作状态。

6.3.2 使用方法

1. 手持式电波流速仪

实际工作中，电波流速仪操作非常简单，首先将电池充满电后插入手柄电池盒内，按下电源键，瞄准目标，设置水平角，扣动扳机，读取流速值。然后再根据实测断面的水深和河宽算出流量，从而顺利完成测验。

以某型号手持式电波流速仪为例，说明流速的测量步骤。

（1）开机自检。按电源开关"ON/OFF"（图 6.10），仪器上电并显示自检画面（图 6.11），自检通过后显示待机画面（图 6.12），待机画面左侧为流速单位 cm/s，右侧为计时器窗口。

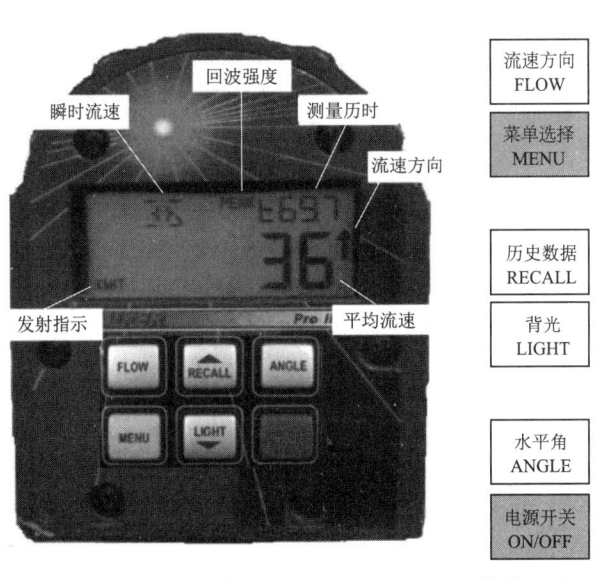

图 6.10 某型号手持式电波流速仪显示屏和按键布局

图 6.11 自检画面　　　　图 6.12 待机画面

（2）检查设置。每次测量前检查两项设置：①按"ANGLE"键检查当前水平角设置。站在桥上迎水测流时水平角应设置为"0"，即雷达波束与流线方向一致；②按"FLOW"键选择流向。迎水测流时应设置为"Inb"。

如果站在岸边测量（如大堤溃口或龙口截流），雷达波束与流线成一定角度（图 6.13），则通过"ANGLE"键设置雷达波束与流线的水平角。

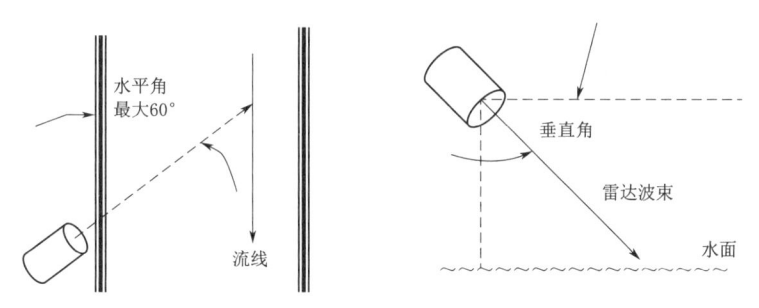

图 6.13 电波流速仪水平角和垂直角示意图

（3）开始测量。雷达头对准待测水面，扣动扳机使屏幕左下角出现"XMIT"字符，表示开始发射雷达波，屏幕右上角计时秒表开始走动，显示测速历时。通常需要等待 5s 左右屏幕显示流速数据。

如果没有测到回波数据，平均流速位置一直为空（图 6.14）。如果捕捉到了回波数据，则显示图 6.15 所示信息。

图 6.14 没有测到回波数据　　　　图 6.15 测到回波数据

通过"PEAK"（回波强度）窗口，可以判断回波信号是否连续稳定（图 6.16）。回波正常情况下，"PEAK"显示稳定，瞬时流速窗口反映流速脉动情况，有时会有很大跳动。平均流速缓慢变化，直至稳定。如果"PEAK"时隐时现，说明回波很弱，此时需要调整水面位置，或加大垂直角，直至获得稳定回波。

（4）结束测量。计时秒表达到 99.9s 后仪器自动停止测量，屏幕上显示该时段内的平均流速、流速单位和流速方向（图 6.17）。屏幕左边显示"STORE"，表示此次测量数据已被存储。

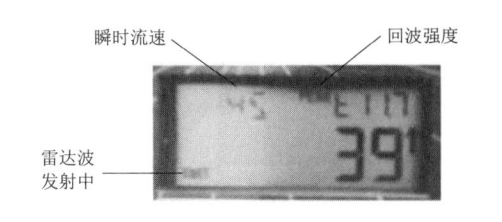

图 6.16　显示屏中回波强度 PEAK 显示位置 　　图 6.17　仪器自动结束测量后显示屏状态

测量过程中如观察到速度已经稳定,可随时扣动扳机结束测量,屏幕显示本次测量历时和该时段平均流速(图 6.18)。

图 6.18　仪器随时结束测量后显示屏状态

(5) 查看历时数据。连续按"RECALL"键滚动查看历史数据(图 6.19),序号从 1 到 9,1 为最新数据。注意:关断电源后该数据不被保存,仪器具有自动节电功能,全部断面测量结束前无须人工关机。

(6) 充电。插入充电线后开机,屏幕显示"CHG"、旋转斜杠"/"和"CM/S"交替出现。充电完成后屏幕左上角显示"DONE"。如图 6.20 所示。

图 6.19　查看历史数据

图 6.20　仪器显示屏充电中状态和充电完成状态

(7) 节电模式。作为电池供电的仪器,部分电波流速仪具有多种节电模式。

测量状态:发射雷达波,屏幕左下角显示"XMIT",连续测量流速。工作电流 800mA。

待机状态:雷达波关闭,停止测速,左下角"XMIT"字符消失。工作电流 200mA。屏幕保持待机画面。

休眠状态:待机状态下不触动任何按键,10s 后进入休眠状态。工作电流 10mA。屏幕保持待机画面。此时若扣动扳机,可直接进入测量状态。

自动关机:进入休眠模式后 30min 不触动按键,仪器自动关机,屏幕显示消失,但仍有10mA电流消耗。因此，若长期不使用，应取下电池手柄。

2.固定式雷达流速仪

操作前，用户需依照说明书和参数设置要求进行设备配置，完成设置后，系统便能自动开展测流工作。系统的核心是非接触式雷达流速探头，它能够捕捉到水面的流速数据。这些数据通过有线或无线的方式传输至远程终端单元（RTU）或中心站，使得用户能够实时获取并定期下载和存储流速信息。

此外，监测系统能够利用多点测量获得的速度值，结合河道断面的几何形状信息，对天然河流、城市河流以及渠涵管道等不同水体的流量进行计算。电波流速仪按照预设的参数自动运行，用户可以通过遥测系统方便地取得实测数据和存储记录，从而实现高效的数据管理和分析。

3.缆道式雷达流速仪

缆道式雷达流速仪通过与绞车缆道和拉偏索的配合使用，实现在不同位置的精确测量。该测流系统主要包括雷达流速传感器、自动行车、测流控制器、供电系统和水位计等组件。雷达波测流探头安装在自动行车上，通过缆道的移动，沿多条垂线测量水面流速，并同步采集水位数据。利用表层流速与垂线平均流速的关系，系统按照部分面积法计算流量，实现流量的自动监测。

在使用前，需要将雷达运行车安全地放置在缆道上，并根据安装要求调整好雷达流速仪的角度。同时，确保两岸的钢缆高度一致，并用配重块拉紧，以保证测量的准确性。

移动式雷达波测流系统采用两根不锈钢钢丝绳作为导轨，将雷达波测速仪、伺服电机、雷达测速控制器、锂电池、无线电台等设备集成在雷达运行车内。当系统控制器接收到测流指令，它通过无线电台发送指令给雷达测速控制器，启动测速仪进行测验。实测流速数据通过无线电台实时发送回系统控制器，并与水位数据一起发送给远程终端机，实现实时流量计算。

全自动雷达波在线缆道测流系统进一步简化了操作流程。它由简易缆道、雷达流速传感器、自动行车、测流控制器、太阳能供电系统和水位计组成。自动行车携带雷达波流速传感器，每天定时沿缆道行走，停留在各测流垂线位置进行测量。测量完成后，自动返回停泊点进行充电。所测得的流速和水位数据通过无线模块发送到测流控制器，计算流量后，通过GPRS模块发送到测流平台，实现远程监控和数据分析。

这种全自动的测流系统不仅省去了人工操作的烦琐，还大幅提高了测量的效率和精度。通过测流控制软件，用户可以方便地查看运行车实时状态、配置中心站地址、监测时间等相关参数，并可手动召测或开启自动测量功能。

6.4 维护与校准

6.4.1 仪器维护

1.手持式电波流速仪

手持式电波流速仪在每次使用后，应用干净软布轻轻擦拭仪器表面和显示屏，以防止灰尘和污垢的积累。紧接着，对电池状态进行定期检查，确保其电量充足，并且在长时间不使用设备时取出电池，避免电池泄漏对设备造成损害。此外，根据制造商的指导定期校准仪器，保证测量结果的准确性。同时，检查天线是否有损坏或变形，因为天线的完整性对于获取准确的测量数据至关重要。

软件方面，要关注制造商的更新通知，及时更新设备软件，以利用最新功能和改进。存储时，应将设备放置在干燥、阴凉、无尘的环境中，远离极端的温度和湿度条件。尽管某些设备具备防水功能，但日常使用中仍需避免进水或受潮。在使用和携带过程中，要小心轻放，避免跌落或撞击。如果设备包含可拆卸配件，如传感器探头，应遵循制造商的指导进行清洁和维护。最后，定期将设备送至专业服务中心进行全面检查和维护，确保设备始终保持最佳工作状态。并且，始终遵循制造商提供的维护和操作手册中的指导，避免不当操作可能导致的设备损坏。通过这些细致的保养与维护措施，可以最大程度地发挥手持式电波流速仪的性能，延长其使用寿命。

2．自动测速型电波流速仪

自动测速的电波流速仪要定期检查探头、太阳能面板、数据线缆、控制箱的安全使用状态。定期检查测流设施的土建安全状况。做好及时的数据下载和存储。

6.4.2 仪器校准

1．校准条件

校准环境温度应在 20℃±15℃ 范围内，相对湿度应不大于 95%，校准过程中流速仪不应受到强磁场和强电场的干扰。宜采用静水拖曳法水流速校准装置，主标准器及其他设备应具有检定/校准证书。

2．外观与标识校准

外观与标识校准采用目测和手检的方法。电波流速仪不应有镀层或漆层脱落、锈蚀、划伤、毛刺、锐角等痕迹。文字应鲜明、清晰，若有显示屏，则显示亮度均匀，户外太阳光下可清晰显示内容。

3．校准前准备工作

应对被校对象进行全面检查，确保设备能够正常工作，这是进行任何校准工作的基础。在确认设备状态良好后，校准开始前允许对仪器进行必要的调整，以适应校准环境和要求。然而，一旦校准过程开始，就不应再对仪器进行任何调整，以避免影响校准结果的稳定性和可靠性。

4．流速点选择

校准的流速范围应根据客户的具体需求来确定，确保最小校准速度 v_{min} 不低于仪器宣称的测量下限。如果装置的最大校准流速无法达到客户要求的上限，则 v_{max} 应取装置的最大流速。校准的流速点应全面覆盖，包括 v_{min}、v_{max} 和 0.5m/s，校准点总数不少于 5 个，以确保测量结果的代表性和准确性。在 0.5m/s 以下至少应包含 1 个校准点，在 0.5m/s 以上应不少于 3 个校准点。

在校准过程中，对每个流速点的测量精度有严格要求。每个流速点的标准流速测量结果与设定流速的偏差应控制在 5% 以内，或者不超过 ±0.01m/s，以确保校准结果的精确性。为了提高校准结果的可靠性，每个流速点的校准次数应不少于3次，通过重复测量来减少偶然误差的影响。

5．校准程序

（1）安装与调整：首先将被校准的电波流速仪稳固地安装在拖车上，确保其水平方向与拖曳方向平行，这是为了模拟实际测量时的流向条件。接下来，仔细调整电波流速仪的俯仰角，以确保信号能够满足测量需求。在整个校准过程中，必须保证俯仰角的一致性，以避免任何可能影响测量结果的变量。测量结束后，应记录下流速仪的俯仰角，以便于后续的数据分析和校准结果的复核。

（2）实验操作：按照预先设定的校准流速点，依次进行实验。每次拖车达到稳定速度时，启动流速仪进行记录，并同步记录拖车的车速。这一步骤至关重要，因为它确保了流速仪的读数与实际流速的一致性。

（3）数据记录与分析：在每一段稳定的速度区间内，计算拖车速度的平均值，此值将作为本次测试的标准参照值。同时，记录被校流速仪在同一稳定段内的读数平均值，作为仪器的示值。这两个值的记录应同步进行，以保证数据的一致性和可比性。

6.5 故障分析与处理

1．手持式电波流速仪

（1）工作中发现瞬时速度突然变大。该电波流速仪可能探测到了很远的运动物体，如车辆、行人、飞鸟、飞虫、飘动的树叶等。

（2）回波微弱，测不到流速。水面可能过于平静导致回波微弱，此时应尽量接近水面，因为当距离水面很近（如1m以内）时可测到低于0.10m/s的流速。

（3）测不到流速。此时，需要检查流速方向设置是否正确。同时，查询仪器灵敏度设置，观察流速是否过低，水面是否过于平静。

（4）测量误差大。检查波束与流线一致时水平角是否设置为0；附近是否有移动物体干扰，特别是桥上测量时路过的行人、车辆都会干扰测流，河边随风摆动的植物也会干扰测流；检查仪器是否发生故障。

2．自动测速型电波流速仪

（1）仪器提示信号强度不够。可能水面比较平静，电波流速仪反射信号较弱。检查流速是否较低，此时可采用常规流速仪法进行测流。

（2）数据传输缺失。可能是遇到低流速，流速仪不能正常工作；或者测量系统出现故障，断电导致数据传输出现中断等影响。

（3）测量数据为0或者异常。可能设备断电，通信连接中断，水面不流动，水面出现有漩涡、回流等情况，安装俯仰角度有误等。

6.6 应 用 案 例

固定式雷达流速仪在某灌区渠道流量监控中的应用。

我国南方某灌区为进行水资源节约管理和农业水价改革，需要对农业水资源量使用状况进行有效统计。因此，需要对闸门后渠道内流量进行监控，进而调节控制闸门的开启，同时对渠道内水量进行长期监测，以控制各级渠道流量，合理地调配分水流量。

1. 灌区面临的问题和挑战

灌区渠道水位变化较大，渠道存在无水的情况，超声波等接触式设备不适用；部分监测点水流较大，无法水下施工，只能选用非接触测流产品；渠道内水量由闸门控制，根据不同灌溉需求，水量变化较大，对于监测设备的灵敏度及准确性均要求较高。

2. 解决方案

经过流速、流量监测仪器的比选，最终选择某型号的雷达流量计用于实时监测流速、液位和流量等数据，并实时将数据传输到相关信息服务和管理平台。

安装选择 3 个代表型点（图 6.21～图 6.23）：

图 6.21　干渠渠道利用现有桥梁安装

图 6.22　引流渠立杆安装，控制闸门开启　　图 6.23　渠道立杆安装

(1) 一类：闸后引流渠，实时监测闸后流量，与闸门联动，控制闸门开启。
(2) 二类：干渠渠首，用于监测水库出水总量。
(3) 三类：专用点，为了收集相关水量数据。

3. 监测数据显示

以上方案实施后，高效精准地获得了多个渠道多个断面的流速、水深和流量的数据，经过信息服务和管理平台可及时高效地进行实时数据监测、上报和分析工作，并结合灌区水量管理工作，进行有效的闸门调度。

图 6.24 为某干渠流速、水深与流量的变化趋势图。

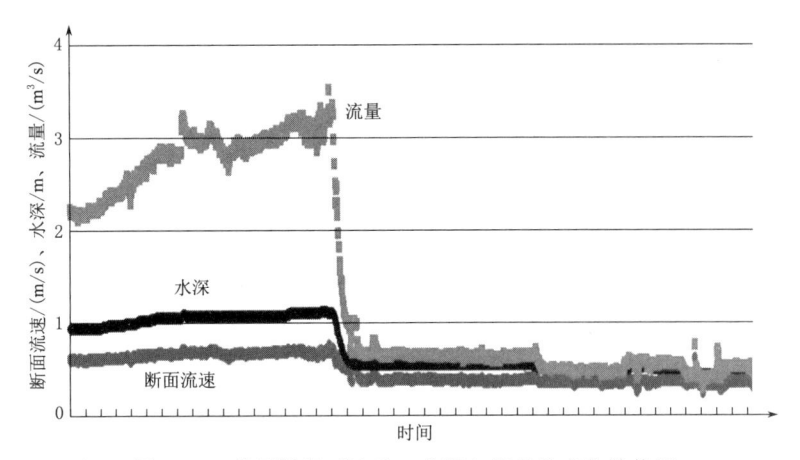

图 6.24　某干渠断面流速、水深与流量的变化趋势图

4. 灌区受益情况

（1）非接触式测量：不接触水体，在渠道内有无水的工况下均可正常工作。

（2）灵敏度高：保证流量在短时间内变化时仍可稳定准确测量。

（3）低维护：不与水体接触，不受水中杂物影响，减小维护成本。

（4）远程调控：设备可以远程调节参数，方便用户使用。

思　考　题

1. 电波流速仪的测流原理是什么？
2. 电波流速仪主要包括哪几种类型，每种类型有何特点？
3. 电波流速仪适用什么水文情况下的流速和流量测量？
4. 电波流速仪与其他测验方式有何优缺点？
5. 电波流速仪如何进行维护和校准？
6. 电波流速仪常见的故障类型有哪些？如何进行处理？

第7章 悬移质泥沙测验仪器

7.1 概　　述

悬移质泥沙测验仪器分为采样器和测沙仪两类。采样器是现场取得沙样的仪器，通过其他仪器对沙样进一步处理和分析，计算出含沙量。测沙仪则是在现场可直接测量获得含沙量的仪器。

7.1.1 工作原理

7.1.1.1 悬移质泥沙采样器

悬移质泥沙采样器是采集江河水体中含有悬浮泥沙水样的仪器。基于流域水土流失程度和产沙形成的方式不同，江河水体中的悬浮泥沙的分布，存在明显的差异。在通常情况下，江河中悬移质泥沙分布有一定规律，横向分布在河流中泓处含沙量较大，纵向分布从水面到河底含沙量逐渐增大。江河水体中含沙量不管是横向或纵向分布都是极不均匀的，脉动变化很大，为此，能否采集到有代表性的水样，就成为衡量悬移质采样器性能优劣的标准。悬移质泥沙采样器分瞬时式和积时式两类。

1. 瞬时式采样器

瞬时式采样器是采集江河水体中在极短时间内含有悬移质泥沙水样的仪器。瞬时式采样器以承水筒放置位置分竖式和横式两种，现在主要使用的是横式放置，又称横式采样器，横式采样器又分拉式与锤击式两种。

拉式采样器主要由人工手持测杆将仪器放到预定测点后，靠人工拉绳同步关闭两端筒盖。这种仪器只适用于浅水和含沙量较大的河流。其容积一般为1L，含沙量大的河流其容积还可适当减小。

锤击式采样器是瞬时式采样器的又一种形式。主要区别在于锤击式采样器是当仪器到达预定测点位置后，人工释放击锤，沿钢丝绳滑下击中钩形开关装置，使筒盖关闭。另一个区别是锤击式采样器容积较大，一般为2L，适用于水深较大或含沙量较小的河流。

2. 积时式采样器

积时式采样器是采集江河水体中某一时段内悬移质泥沙水样的仪器。根据积时式采样器的设计原理和实践结果分析，在该仪器各种水力特性的机构设计合理的前提下，就能采集到有代表性的水样。由于江河水情变化较大，为了能适用于各种测验方法和测验设备的需要，目前已先后研制了多种形式的积时式采样器。积时式采样器按工作原理分为瓶式、调压式、皮囊式。

7.1 概 述

(1) 瓶式采样器。瓶式采样器在仪器入水时就由进水管向瓶内进水,在进水的同时又通过排气管排出瓶内的空气,整个工作过程是瓶内空气压力和体积与测点静水压力随着水深不断变化又不断平衡的过程。正确地掌握这一过程就能采集到符合下列条件的水样:①流态不受扰动;②消除含沙量脉动影响;③克服取样初期水样突然灌注;④进口流速与天然流速保持一致的积时式水样。但是由于瓶式采样器自身条件的限制,实际上难以达到理想的目的。

典型瓶式采样器与其他类型积时式采样器一样,只有一根很细的进水管伸出器身外,排气管设置在器壁,器身呈流线型,阻力很小,流态基本不受扰动,其工作原理如图 7.1 所示。

由于瓶式采样器采用积深法采集一个时段的水样,所以与瞬时式采样器相比,明显地减少了泥沙脉动影响而增加了水样的代表性。

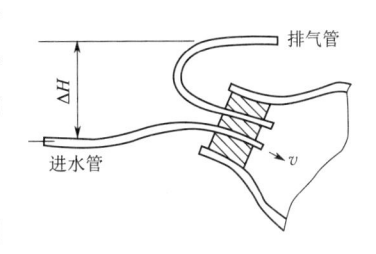

图 7.1 瓶式采样器工作原理

瓶式采样器能否采集到消除突然灌注的水样,关键在于采样瓶的器内外压力在随水深变化时,时刻保持瓶内体积与压力关系的平衡。根据波义耳定律,一定质量的气体,在温度不变时体积与压力的乘积是一个常数。

$$p_0 W_0 = p_1 W_1 = C \tag{7.1}$$

式中 p_0——大气压力;
W_0——瓶内气体体积;
p_1——某一水深处压力;
W_1——某一水深处瓶内体积;
C——常数。

根据上式,瓶式采样器如使用双程积深法采集水样,仪器入水后以动水压力从进水管进水,排气管排气,始终保持器内外压力平衡,不会发生明显的水样突然灌注现象。如果用积点法取样,假设事先将进水管和排气管用塞子塞紧,放入 H 水深处,然后拔开塞子,这时采样瓶的器内外压力不平衡,瓶内压力仍然为 p_0,瓶外压力则为 $p_1 = p_0 + H$,根据波义耳定律

$$p_0 W_0 = (p_0 + H) W_1 \tag{7.2}$$

于是有

$$W_1 = p_0 W_0 / (p_0 + H)$$

突然灌注量

$$\Delta W = W_0 - W_1 = \frac{H}{10.33 + H} W_0$$

由此可见,突然灌注量与水深、容积有关。若水深越大,容积越大,则突然灌注量也越大。

国内外些试验资料表明,一般突然灌注在 1s 内结束,突然灌注的速度推算如下:

$$v_i = \Delta W / A_n = \frac{H}{10.33 + H} \cdot \frac{W_0}{A_n} \tag{7.3}$$

式中 v_i——突然灌注的进口流速；

W_0——瓶子体积；

A_n——进水管截面面积。

根据上式可见，v_i 可以达到很高的数值，并将远远超过天然流速。若水深越大，瓶子体积越大，进水管径越小，则 v_i 值越大，所以瓶式采样器不适用于积点法取样。

瓶式采样器能否采集到进口流速与天然流速接近的水样，取决于仪器的提放速度和结构设计。其中采样瓶轴线与水流流向的夹角（进流角）的影响较大。根据有关部门多次试验，进流角为 20°时最佳。

双程积深时，提放速度可用下式估算

$$R_u = 2A_n v_{cp} H / W_0 \tag{7.4}$$

式中 R_u——提放速度；

A_n——管嘴截面面积；

q——垂线平均流速；

H——垂线水深；

W_0——容器体积。

由式（7.4）可知，双程积深式仪器取样的提放速率与管嘴截面面积、水深、流速、容器体积有关。用此式估算提放速率时应留有充分余量，防止容器灌满。

（2）调压式采样器。调压式采样器的工作原理主要建立在波义耳定律的基础上，利用连通容器的自动调压，使采样器取样舱的器内压力和采样器所在测点处的器外静水压力平衡，达到消除取样初期水样突然灌注的目的；并根据伯努利方程，解决水样流经进水管时沿程阻力损失，保持能量平衡，达到水样进口流速接近天然流速的目的。

连通容器自动调压，就是将仪器分为两个舱，一个取样舱，一个调压舱，两舱之间用连通管或经过控制阀门互相连通，如图 7.2 所示。

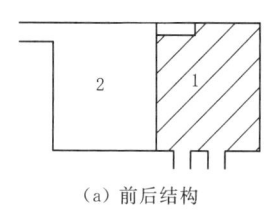

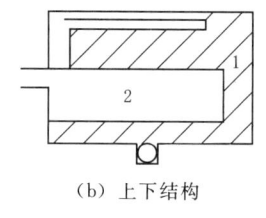

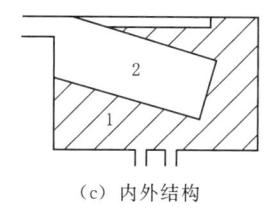

(a) 前后结构　　　(b) 上下结构　　　(c) 内外结构

图 7.2　瓶式采样器工作原理

1—调压仓；2—取样仓

图 7.2 中阴影部分为调压舱，下部为调压舱进水及放水孔，空白部分是取样舱，上部为连通管，共有 3 种形式。图 7.2（a）将取样舱与调压舱分为前后两半，其缺点是当仪器在水下发生倾斜时，调压舱的水将从连通管倒灌入取样舱，使取样舱的进水量及含沙量引起很大误差；图 7.2（b）将调压舱与取样舱分为上下两部分，上部为调压舱，下部为取样舱，设置在调压舱中部偏上方的小孔，既是调压舱进水孔，又兼作取样舱排气孔，调压舱下部的橡皮球是调压舱放水孔，这种结构的缺点是使调压历时延长；现在我国常用的方法是内层为取样舱，外层为调压舱［图 7.2（c）］，当仪器入水后，取样舱进水孔关闭，

只有调压舱的两个进水孔敞开并以很快的速度向调压舱灌水（这种灌注也可视为突然灌注，而且希望越快越好可以缩短调压历时。），灌进调压舱的水将调压舱内空气压缩，经连通管进入取样舱，直到取样舱的器内外压力平衡后，调压舱即不再进水。

连通容器自动调压适用最大水深，可根据下式估算

$$p_0 W_0 = p_1 W_1$$
$$p_0 W_0 = (p_0 + H)(W_0 - W_调) \tag{7.5}$$

根据上式决定仪器最大入水深度

$$H = \frac{p_0 W_调}{W_0 - W_调} \tag{7.6}$$

式中 W_0——仪器取样舱与调压舱之和的总容积；

$W_调$——仪器在 H（m）水深处调压始的设计进水量；

P_0——大气压力（10.33m 水柱）；

H——测点入水深度。

关于水样进口流速与天然流速比值系数问题（简称进口流速系数），这是衡量积时式采样器水力特性的一个重要指标。虽然采用连通容器自动调压，消除了取样初期水样突然灌注，但水样进口流速仍然不可能等于天然流速。进口流速系数误差除了会导致水样中水沙分离，引起含沙量测验误差外，在我国使用水文缆道流量加权全断面混合法取样的情况下，还会引起输沙率测验误差。根据各方面试验结果，进口流速系数误差在流速为 0.5～5.0m/s，含沙量在 30kg/m³ 条件下，应有 75% 的累计频率达到 ±10%，即 $K=0.9$～1.1；当含沙量超过 30～100kg/m³ 时，应有 75% 的累计频率达到 ±20%，即 $K=0.8$～1.2 左右。也就是说，在上述误差范围内，水样具有代表性。

进口流速系数误差主要是由水样在取样过程中的能量损失造成的。

根据水力学管嘴进流伯努利方程式可得

$$v_进 = \varphi \sqrt{v_天^2 + 2g\Delta H} \tag{7.7}$$

式中 $\varphi = \dfrac{1}{\sqrt{\dfrac{L}{d}\lambda + \sum\xi + 1}}$。

$$v_进 = \frac{1}{\sqrt{\dfrac{L}{d}\lambda + \sum\xi + 1}} \cdot \sqrt{v_天^2 + 2g\Delta H} \tag{7.8}$$

式中 $v_进$——采样进口流速；

$v_天$——天然流速；

L——采样器进水管长度；

d——进口管直径；

λ——进水管本身沿程阻力系数；

$\sum\xi$——局部阻力系数；

ΔH——补充能量水头（进水管与排气孔高差）。

从式（7.8）可以看出，影响积时式仪器进口流速系数的因素，除了天然流速之外，

还有进水管的长度、直径、光洁度，排气孔与进水口的高差（即补充能量水头），排气孔的位置、形状、大小等。为了达到能量平衡，弥补沿程阻力带来的能量损失，除了适当提高进排气孔高差外，也可将仪器进水管设计成锥度管，以增加进水管内的动能，但是由于锥度管不易制造，往往采用降低出水口高度的方法弥补这一不足。

（3）皮囊式采样器。皮囊式采样器是积时式采样器的另一个品种。皮囊式采样器以结构简单、无须设置专门的调压装置、操作方便、可靠性高、现场可以更换取样舱，尤其是进口流速系数稳定等优点，很快得到推广。

皮囊式采样器采用乳胶皮囊作取样容器。在仪器入水前，将乳胶皮囊内空气排净。仪器入水后，利用柔软乳胶皮囊具有弹性变形和良好的压力传导作用的特点，使仪器能自动调节乳胶皮囊的取样容积，始终保持器内外压力平衡，不需另设调压舱，即可达到瞬时调压的目的，并能采集到进口流速接近天然流速的水样。其能量平衡伯努利方程为

$$\frac{p_0}{\gamma}+\frac{v_天^2}{2g}=\frac{p_1}{\gamma}+\frac{v_进^2}{2g}+H_W-H_E \tag{7.9}$$

式中　H_W——进水管沿程阻力损失（与调压式采样器基本相同）；

　　　H_E——皮囊内残存空气或皮囊弹性不足引起的阻力损失，由器壁负压孔补偿（当皮囊内空气排净后仍保留皮囊原有弹性则此项可忽略不计）。

由式（7.9）可知，皮囊式采样器只要采用适合的柔软乳胶皮囊，仪器测验精度只与进水管沿程阻力损失有关，而这个损失可以从器壁负压孔加速乳胶皮囊胀开得到补偿。因此皮囊材料品质及皮囊厚度对仪器性能有明显影响。通过大量试验资料证明，乳胶皮囊的厚度应在（0.6±0.1）mm 以内。

7.1.1.2 悬移质测沙仪

1. 光电测沙仪

光电测沙仪就是利用光电原理测量水体中含沙量的仪器。当光源透过含有悬移质泥沙的水体后，部分光能被悬沙吸收，一部分光能被悬沙散射，因此透过的光能只是入射光能的一部分。利用悬沙的这种消光作用，使光能透过悬沙的衰减转换成电流值，从而测定含沙量。根据南京水利科学研究院试验

$$\Phi_i=\Phi_0\exp(-KANL) \tag{7.10}$$

式中　Φ_i——光电器件通过清水的光通量；

　　　Φ_0——光电器件通过悬移质水体的光通量；

　　　A——泥沙颗粒投影面积；

　　　N——单位体积水体中泥沙的颗粒数；

　　　L——透过水体的厚度；

　　　K——消光系数（颗粒的有效横截面被几何横被面除，它与辐射能波长 λ，颗粒的折光系数 m，颗粒的粒径 d 等因素有关）。

用 $A=bV/d$；$N=\rho/\gamma V$ 代入上式，则有

$$\Phi_i=\Phi_0\exp\left(-kb\frac{\rho}{\gamma d}L\right) \tag{7.11}$$

式中　b——形状系数；

V——颗粒体积;

γ——颗粒比重;

ρ——悬移质含沙量。

利用光电器件将通过清水的光通量 Φ_0 转换为电流量 I_0;通过悬移质水体的光通量 Φ_i 转换为电流量 I_i 相应的光通量公式变为

$$\frac{I_i}{I} = \exp\left(-k\frac{\rho}{d}\right) \tag{7.12}$$

将上式取对数,便可推求含沙量。光电测沙用光通量转换成相应的电流量,测量成果将受水深、含沙量、粒径大小、泥沙颜色等众多因素影响。现在由于光电器件性能提高,并采用光电通信技术,使光电测沙仪受外部条件影响减少,有利于仪器的进一步发展。

2. 同位素测沙仪

黄河水利委员会水文局的高沙量同位素测沙仪于 20 世纪 60 年代在部分水文站进行过长时间的应用,使用效果较好,近年来在花园口水文站试用,但因放射性元素半衰期标定工作量大和使用者对放射性元素的心理作用未能继续推广,工业管道内的泥沙测量现在仍用此法。

根据清华大学对低含沙同位素测沙仪的研究,当 γ 射线穿过悬移质水体时,射线强度减弱,并与含沙量有如下关系:

$$N = N'_o \cdot \exp[-(U_{沙} - U_{水})]D/\rho C \tag{7.13}$$

式中 N——γ 射线强度,用脉冲计数率表示,次/s;

N'_o——γ 射线穿过厚度为 D 的清水吸收体的计数率,$N'_o = N_o \exp(-U_{水})D$,N_o 为未经吸收的 γ 射线强度;

$U_{沙}$、$U_{水}$——分别为沙和水的总线性吸收系数,cm^{-1};

D——吸收体厚度,即源距,cm;

C——泥沙密度,kg/m^3;

ρ——含沙量,kg/m^3。

同位素测沙仪分低含沙测沙仪与高含沙测沙仪两种。由于采用的放射源不同,因此源距、半衰期及其他参数也不相同,都曾经分别在不同的工程项目泥沙测验中得到应用和验证。

国际上一些发达国家对 X 射线和 γ 射线的使用受到严格控制,因此这类测沙仪的推广也受到限制,目前倾向于研究振动、超声波和压力传感器测沙。

3. 振动管测沙仪

振动管测沙仪的工作原理是测定金属棒的振动周期,从而确定流经棒体内水体的悬移质泥沙含沙量。根据云南大学试验,设金属棒长为 l、半径 R、密度为 ρ,杨氏弹性模量为 E,截面绕转动中心的转动惯量为 J,振动管的自由振动方程为

$$\frac{\partial^2 y}{\partial t^2} + \frac{EJ}{\rho} \cdot \frac{\partial^4 y}{\partial x^4} = 0 \tag{7.14}$$

如果金属棒两端固定,又不影响在振动时所产生的转角,则在端点上挠度和弯矩都为 0。经推导后,由于 $f = 1/T$(f 为谐振频率;T 为振动周期),则

$$\rho = \frac{\pi^2}{4l^4} \cdot \frac{EJ}{f^2} = \frac{\pi^2 EJ}{4l^4} T^2 \tag{7.15}$$

由式（7.15）可知，金属棒的密度和棒体振动周期的平方成正比。如果金属棒空管内充满含有悬移质水体，则这一棒体的密度既和管子材料有关，又与水体的质量有关。由于管壁的密度基本不变，因此对应于不同含沙量的水体就有不同的振动周期。

4. 超声波测沙仪

根据超声波在含沙水流中的衰减规律，可以用测量超声吸收系数的办法测量水体含沙量。根据武汉水利电力学院试验，传感器由超声探头和一块反射挡板构成，设超声探头和挡板之间的距离为 L；L 的长度可以根据含沙量的大小选定，建立下列关系式

$$P_1 = P_0 \exp(-2L\alpha) \tag{7.16}$$

式中　P_0——初始声压；

　　　P——传播 L 行程后的声压；

　　　α——声吸收系数。

当超声波在发射面与挡板之间来回传播，衰减到零时，改写式（7.16）可得到声吸收系数 α

$$\alpha = \frac{1}{2L} \ln \frac{P_0}{P_1} \tag{7.17}$$

通过将声压窄脉冲采样，保持电路和自控放电路等技术处理，在 $\tau - P$ 坐标图上，显示出面积，将 P_0/P_1 的关系变成面积比求出声吸收系数，通过事先标定关系，求出含沙量。

5. 光学后向散射浊度仪

浊度和含沙量都是表征水样中泥沙的物理特性，其间如果存在某一稳定的关系，就可以通过测量水样的浊度来测量水样的含沙量，从而简化含沙量的测验，提高含沙量测验的工作效率。寻求浊度和含沙量的关系，可以通过在不同的河流、不同的水流条件及环境下收集试验资料而实现。

光学后向散射浊度计（简称 OBS）是一种利用光学原理的测量工具，其核心组件是红外光学传感器。该传感器通过检测红外辐射光的散射量来监测水中的悬浮物质。通过建立水体浊度与泥沙浓度之间的相关性，将浊度值转换为泥沙浓度，从而测定水体中的泥沙含量。OBS 是光学仪器，测量的是悬沙颗粒的反射信号，在观测过程中，诸多要素会对实验结果产生影响。利用 OBS 观测含沙量，不仅能提高观测效率，还可以获得高时空分辨率的含沙量数据。

本书以 OBS-3A 浊度计为例说明光学测沙基本原理。OBS-3A 浊度计由传感器、电子单元、接口部分和电源部分组成，如图 7.3 所示。

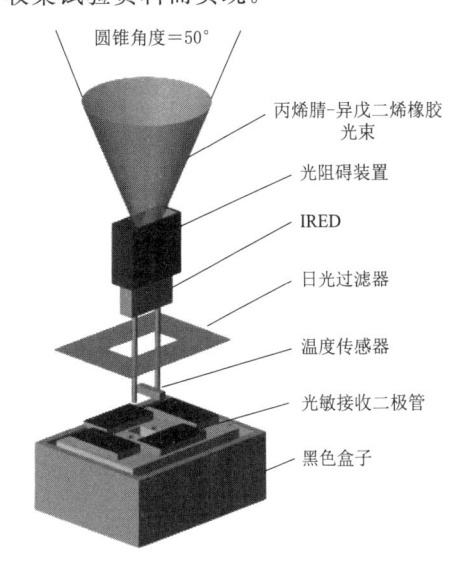

图 7.3　OBS-3A 浊度计的组成

红外光敏接收二极管接收到散射信号送至

A/D 转接器，将模拟信号转换成数字信号。然后由计算机对转换成的数字信号进行采集，按照 OBS 浊度计的测量要求进行处理，处理好的数据通过 RS-232 串口与操作计算机进行通信联系，操作计算机中安装了 OBS 的处理操作软件，它设置和控制 OBS 的运行方式并进行数据结果处理。

6. 量子点光谱测沙仪

量子点光谱法进行泥沙监测，采用世界领先的量子点光谱分析技术，将量子点（新型纳米晶材料）与成像感光元件完美结合，开发原位、实时的泥沙监测方法。用量子点光谱泥沙监测终端进行泥沙监测，通过测量被研究光（水样中物质反射、吸收、散射或受激发的荧光等）的光谱特性，用非化学分析的手段获得水体中特定物质的光谱信息，包括波长、强度等谱线特征，建立光谱数据与水环境各要素的映射关系，通过大数据光谱分析快速返回物质信息，从而可以不用称重获取目标水域的泥沙信息。

不同的物质由不同的元素以固定的结构组成，电子在特定的结构和元素中产生特有的能级结构。能量满足电子能级差的光子与电子相互作用就会激发电子在能级之间跃迁。这些能够激发电子跃迁的特定能量的光子在能量或波长上的分布就构成了该种物质的特征吸收谱。特征吸收谱由物质的元素种类和结构形式决定，不同的物质有不同的特征吸收谱，通过对特征吸收谱的分析就有可能确定物质的种类。因而这种特征吸收谱又被称为物质的"指纹谱"。特征吸收谱的形状由物质的种类决定，而其吸收谱的强度则由物质的丰度决定。

光谱推算含沙量的原理来源于比尔-朗伯定律（Beer - Lambert law）。公式如下：

$$A = -\lg \frac{I_t}{I_0} = \lg \frac{1}{T} = Klc \tag{7.18}$$

式中　A——吸光度；

I_t——透射光的强度，W/m^2；

I_0——入射光的强度，W/m^2；

T——透射比或透光度；

K——系数（吸收系数），$L/(mol \cdot cm)$；

l——光在介质中通过的路程，cm；

c——吸光物质的浓度，mol/L。

比尔-朗伯定律的物理意义是，当一束平行单色光垂直通过某一均匀非散射的吸光物质时，其吸光度与吸光物质的浓度及光在介质中通过的路程成正比。基于此将比尔-朗伯定律对吸光物质的浓度的计算演变于对含沙量的推算。但由于水体为混合介质，包含砂砾、表面附着的颗粒、造成干扰的气泡、木屑等，比尔-朗伯定律本身无法满足含沙量的推算，可以通过机器学习方法在光程一定的前提下训练出吸光度与含沙量的函数映射关系进而推算出含沙量。

推算公式如下：

$$A = K_1 c_{11} + K_2 c_{21} + K_3 c_{31} + \cdots + K_n c_{n1} = \overline{K} c_1 \tag{7.19}$$

式中　K_i——第 i 种成分的吸光系数；

c_{i1}——第 i 种成分的浓度；

c_1——混合物总浓度；

$\overline{K}$——等效折合吸光系数。

如果知道等效折合吸光系数，混合物总浓度可以按下式计算：

$$c_1 = A/\overline{K}_1 = f(A) \tag{7.20}$$

但是一般情况下，混合物中各组分种类及含量是未知的，也不可能从单波长测量结果中推算各组分种类及含量，也就无法得知混合物的等效折合吸光系数。反之，如果测量结果中包含不同组分种类及丰度信息，则有可能从中提取出等效折合吸光系数或者浓度的信息。

作为"物质指纹谱"，光谱信息可以用来区分不同种类的物质。例如泥沙的粒径可以用 m 散射原理来识别和测量。m 散射是指粒子尺度与入射波长可比拟时，其散射的光强在各方向是不对称的，并且散射振幅随入射波长变化的光学现象（图 7.4 和 7.5）。

利用 m 散射原理，测量混合溶液在不同方向或者不同波长的散射系数，即可识别泥沙的粒径。原则上，测量泥沙混合溶液在连续谱段的散射系数即包含了泥沙种类和丰度的信息，对有限泥沙种类空间，可以通过数据驱动的有监督学习方法训练出吸光度谱到泥沙总含量的映射关系，从而建立由水样的吸光度谱推测泥沙含量的算法模型。

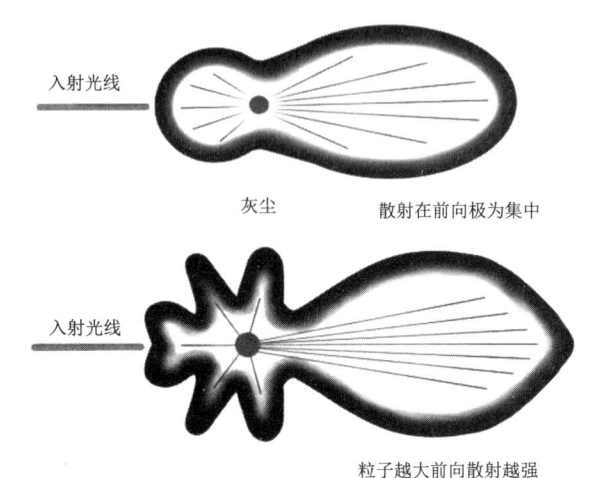

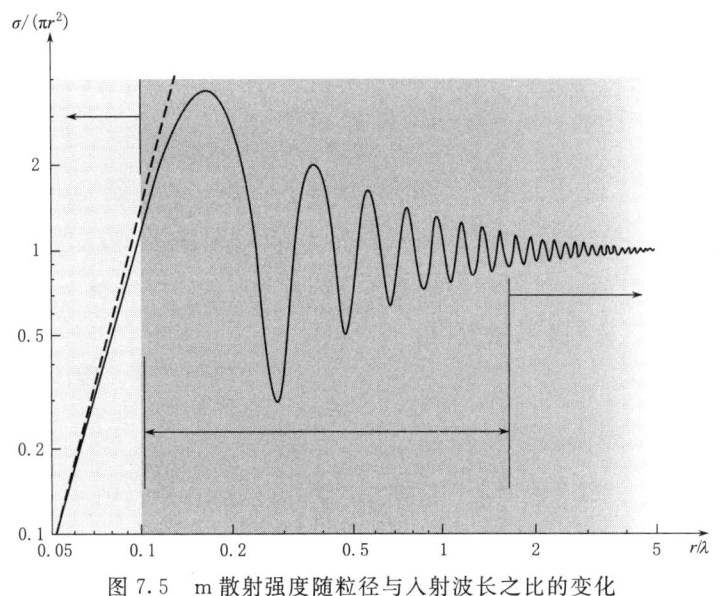

图 7.4 m 散射振幅随出射方向变化

图 7.5 m 散射强度随粒径与入射波长之比的变化

7.1.2 仪器结构

7.1.2.1 悬移质泥沙采样器

1. 瞬时式采样器

（1）拉式采样器。拉式采样器以带斜口横向放置的金属承水筒为主体（图7.6）。仪器两端配置装有拉杆的筒盖，在筒盖内圈嵌入防止漏水的橡皮圈，在筒身中部供固定测杆的夹板中间安装带拉绳的钩形装置及拉紧筒盖的弹簧，全套仪器结构简单，操作方便。

拉式采样器的金属筒身口门外型有斜口式与直筒式两种。不论是斜口与直口，采样器筒盖对口门处的水样流态扰动都很大，相比之下，斜口式的扰动相对略小些，但制造厂由于生产方便，目前产品多为直口式。

（2）锤击式横式采样器。锤击式采样器是瞬时式采样器的又一种形式。仪器的性能、结构与拉式采样器相同，如图7.7所示。

2. 积时式采样器

（1）瓶式采样器。早期的瓶式采样器用一个玻璃瓶固定在测杆上，迎流向设置进水管，背流向设置排气管（图7.8）。用双程积深法取样，适用水深在2m左右。深水取样时，将取样瓶固定在铅鱼上方或安置在铅鱼腹腔内。显然，用这种方法取样，无法采集靠近河底的水样。我国至今仍有很多水文站使用双程积深瓶式采样器。这种仪器虽属于积时式取样，但仪器从水面到河底，

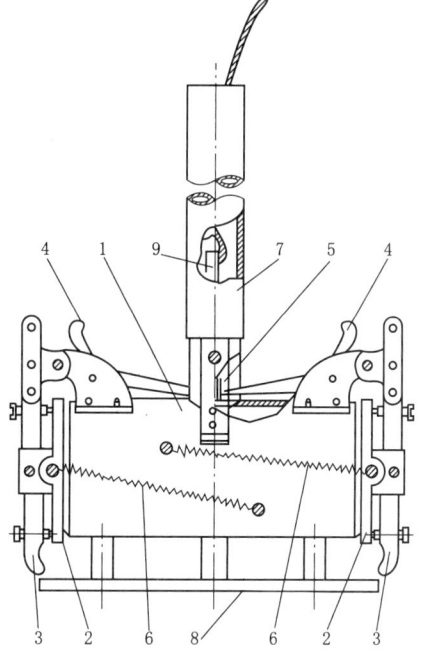

图7.6 拉式采样器结构
1—承水筒；2—筒盖；3—杠杆；
4—杠杆挂钩；5—开关；6—弹簧；
7—杠杆套钩；8—底板；9—绳钩

再从河底返回水面，由于在河底附近停留时间较长，使接近河底含沙量较大的水样采集偏多，导致实测含沙量可能偏大。因此，新的悬移质泥沙测验规范中推广单程积深采样器。

（2）调压式采样器。调压式采样器按结构分为单舱型与多舱型两个系列。单舱型只有一个取样舱，适用于单一垂线用单程积深法或多线多点全断面混合法取样；多舱型仪器由几个取样舱组成，适用于多线单程积深法取样。

调压式采样器由前舱、调压舱、取样舱、控制阀门、控制舱、器身及若干附件组成。

1）单通调压式采样器。单通调压式采样器是调压式采样器早期产品。它分为水下仪器与室内控制部分。水下仪器由前舱、电磁阀、取样舱、调压舱、控制舱、尾翼等部件组成。在前舱的前端装有进水管，并与取样舱前端装在隔板上的顶塞式电磁阀开关相连。取样舱的上部为调压舱，后端为控制舱，采样器的所有部件装在特制的金属容器腹腔内，并组成一个整体，为了能适应水文缆道用多线多点全断面混合法取水样，在仪器下部设置橡

第7章 悬移质泥沙测验仪器

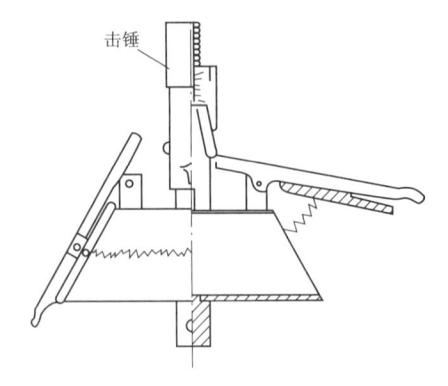

图7.7 锤击式横式采样器结构

皮浮球,当仪器离开水面时,橡皮浮球落下,可以放空调压舱的水体,以便在下一根垂线使调压舱有足够的容积调压(图7.9)。

这种仪器因调压舱的进水孔兼作水样舱的排气孔,所以不能实现瞬时调压。水深越大,则调压历时越长。另外由于顶塞式电磁阀只能做直线运动,不能同时控制排气孔与调压孔,因此很难实现取样舱在现场更换,操作不够方便。

顶塞式电磁阀是一种装甲螺管式电磁铁,固定在取样舱隔板上。内有前后两个激磁线圈和衔铁,支承在前后线圈的定铁芯上,并分别安装在一个金属套内,前端用一个并帽将橡皮膜压紧密封。为了使电磁铁内部压力也能与测点压力相等,在套管中部设计了高出调压舱水面的三层迷宫式防水套,既能防水,又能平衡电磁阀的内外压力,保证电磁铁在任何压力下都能正常工作。电磁铁的后端用另一个并帽与装有两根引出线的转换开关相连。当线圈激磁后,衔铁在线圈中沿磁场方向运动,驱动带有缓冲调节座的橡皮塞,开启或关闭进水管口门。电磁阀后端的转换开关一方面起信号通道转换作用,同时当橡皮塞堵塞采样器口门时,起弹性定位作用。转换开关的触点行程与衔铁行程配合要恰到好处。当口门关闭时,转换开关触点正好接通,并应略有余量保证接触可靠,这时信号通道可用来测速。由此可见,转换开关将影响仪器整机的可靠性(图7.10)。

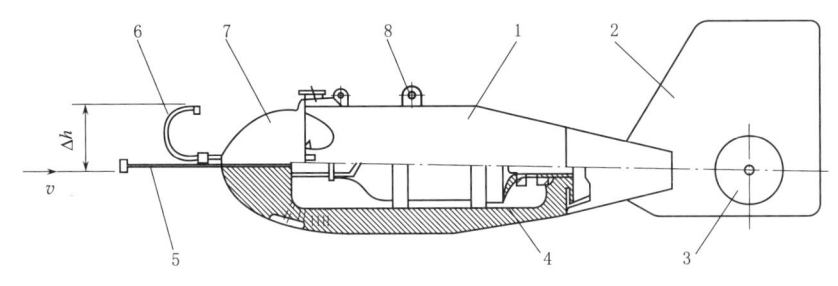

图7.8 瓶式采样器结构
1—器身;2—尾翼;3—平衡锤;4—隔舱;5—进水管;6—排气管;7—前舱;8—吊环

2) 三通(四通)调压式采样器。三通(四通)调压式采样器是现在国内外常用的一种采样器,同样由水下仪器与室内控制部分组成。水下仪器由前舱、电磁阀、阀座、调压舱、控制舱、尾舱等部件组成。三通采样器的前舱进水管,通过一小段软管直接与电磁阀的动滑块相连,整个电磁阀固定在阀座上,并用一个并帽与前舱密封连成整体,再用铰链与搭扣和器身相连。器身由铸铁材料制成,周围是调压舱,中间与水平线呈20°斜交方向放置取样舱,并与调压舱隔开。取样舱内放置取样瓶,有效容积为2000mL。调压舱的下部有两个调压进水孔,可将调压舱内的空气经连通管压缩到前舱,再经电磁阀三通之一的调压孔进入取样瓶,因此这种仪器必须保证阀座与器身间的对接调压通孔啮合准确,不允许漏气,否则将影响调压效果(图7.11)。

7.1 概 述

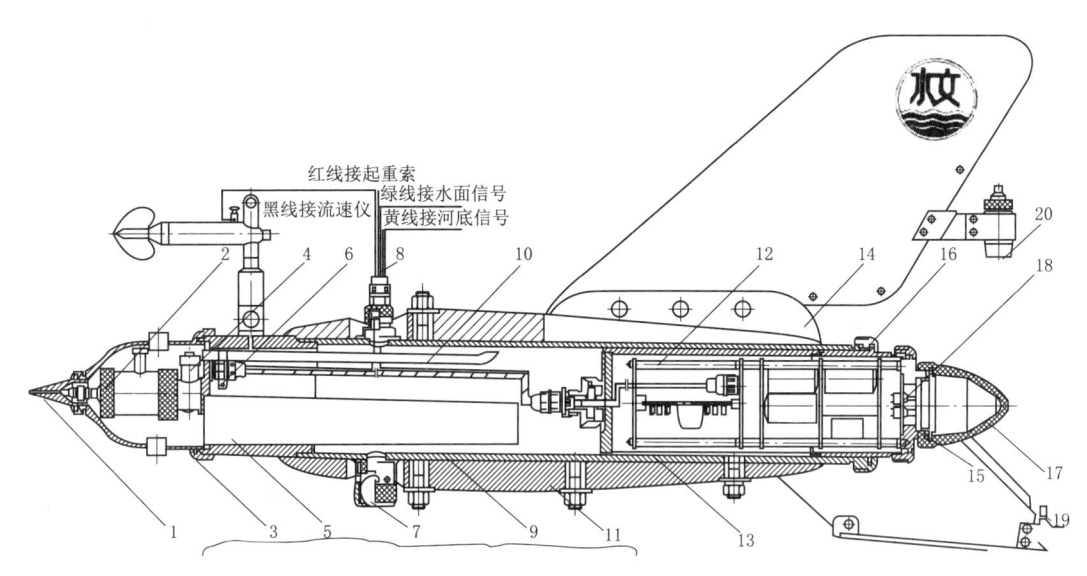

图 7.9 单通调压式采样器结构

1—进水口；2—顶塞式电磁法；3—大并帽；4—转换开关；5—取样舱；6—线把插座；
7—浮球；8—引出线；9—器身；10—连通管；11—铅块；12—控制舱；13—密封筒；
14—纵尾；15—密封圈；16—后圈；17—尾帽；18—电源开关；
19—河底信号；20—水面信号

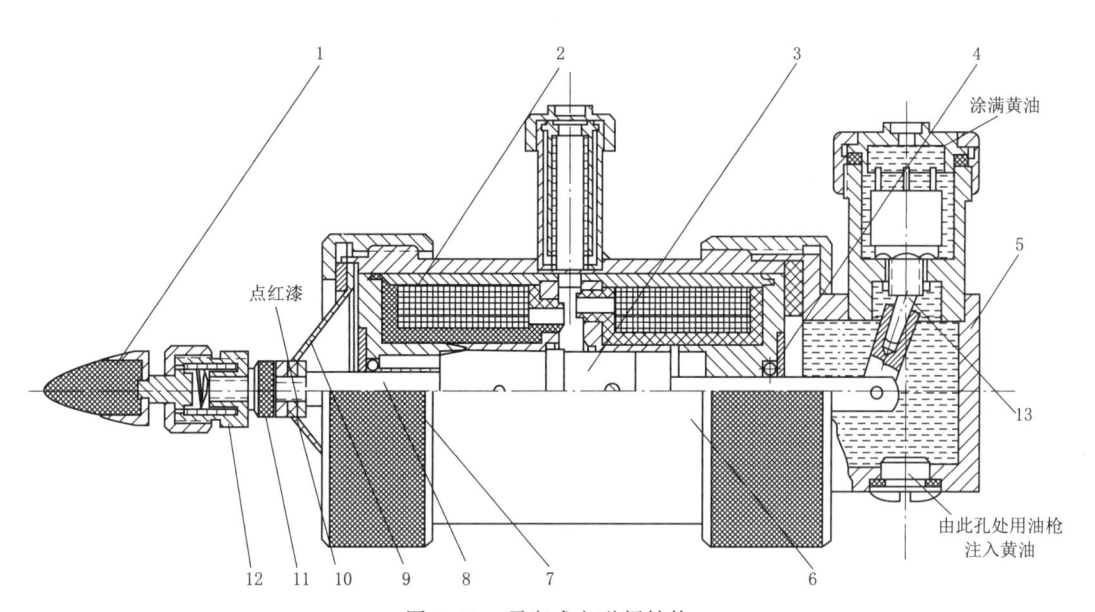

图 7.10 顶塞式电磁阀结构

1—顶塞；2—定铁芯；3—动铁芯；4—阻尼圈；5—阀座；6—螺管套；7—并帽；
8—芯轴；9—橡皮膜；10—垫片；11—小并帽；
12—弹簧座；13—转换开关

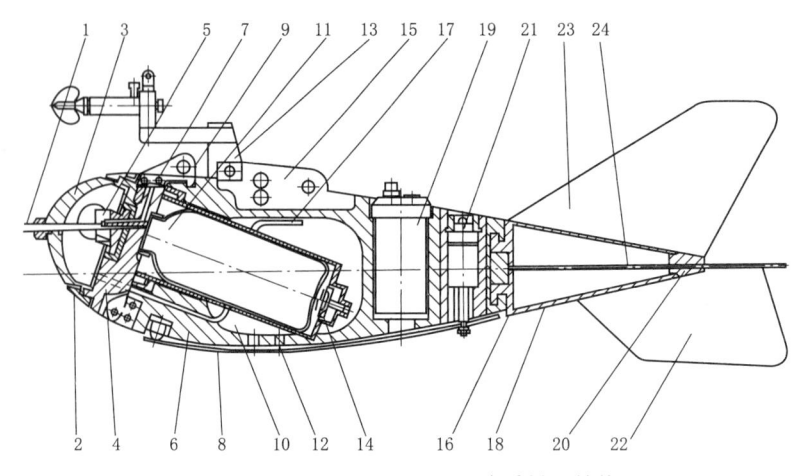

图 7.11 三通（四通）调压式采样器结构

1—进水管；2—压帽；3—前舱；4—阀座；5—滑阀；6—器身；7—排气孔；8—河底托板；9—搭扣；10—调压舱；11—取样舱；12—调压孔；13—悬杆；14—托座；15—挂板；16—嵌件；17—调压管；18—尾舱；19—控制舱；20—尾帽；21—河底信号器；22—下纵尾；23—上纵尾；24—横尾

平面补偿滑阀有三通、四通之分，以铸铜件阀体为主体左右两侧分别装入激磁线圈。阀座的底部平面上，装有定滑块和动滑块，组成相对滑动的滑阀。在滑块两侧，还装有限位墙板，两墙板的上端分别固定 2 只下端带钢珠的调节压簧，用来调节动滑块与定滑块之间的接触压力，这是滑阀能否正常工作及防止漏水的关键（图 7.12）。

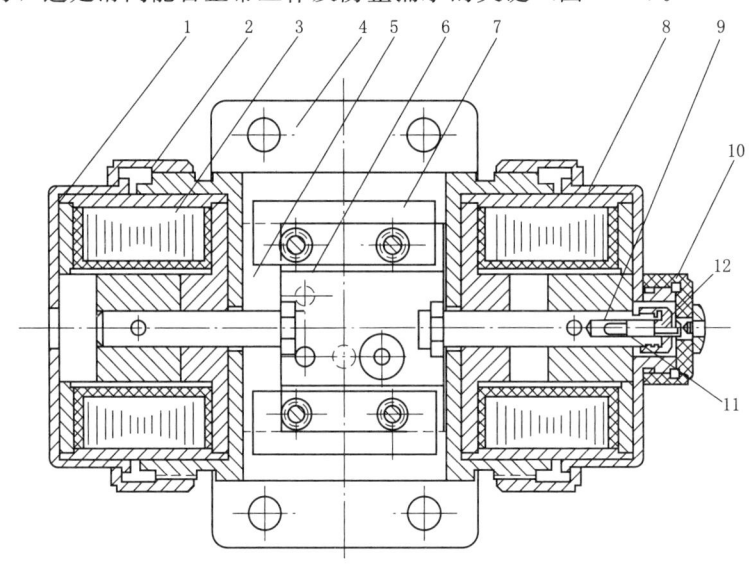

图 7.12 有三通平面补偿滑阀结构

1—前盖；2—并帽；3—激磁线圈；4—阀座；5—定滑块；6—动滑块；7—墙板；8—后盖；9—芯轴；10—信号座；11—触点；12—调节压簧

电磁阀的定滑块上有 4 个孔，右侧为调压孔，中间为进水孔，左侧 2 孔为排气孔，与之对应的动滑块也有对应的 4 孔。仪器从入水开始，在到达测点位置的过程中，仪器进水口门关闭，调压孔敞开进行调压，这时测速信道接通，可以测量流速。当发出取样指令后，动铁芯移动，关闭调压孔，打开进水孔与排气孔，进行采集水样。考虑到水文缆道用全断面混合法测输沙率，在进行流速测量时，进水管前端会有少量积沙，因此有的仪器增加一个在测速时保持水流在进水管中畅通的旁通管道，这就是四通滑阀，由于其制造难度较大，至今未推广应用。

3）对孔阀多舱型调压式采样器。对孔阀多舱型调压式采样器工作原理、仪器结构与单舱型调压式采样器基本相同，适用于垂线单程积深法取样，在水文缆道一次行车过程中可以采集6条垂线水样。水下仪器也是由前舱、电磁阀、取样舱、调压舱、控制舱等部件组成，不同的是取样舱由6个水样舱整齐排列组成，取样时由对孔电磁阀按顺序依次取样。该仪器的调压舱设在尾部，即用尾舱作调压舱。因连通管设在尾舱的顶部，所以不会引起调压舱水样倒灌（图7.13）。

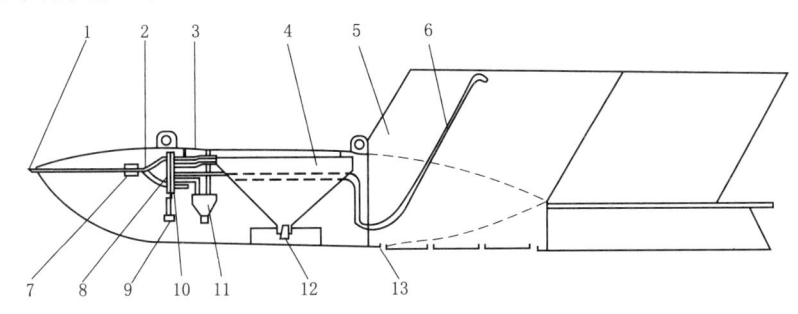

图7.13　对孔阀多舱型调压式采样器结构
1—管嘴；2—进水管；3—排气管；4—水样舱（6个）；5—调压舱；6—连通管；7—接头；8—进水盘；
9—电磁铁；10—分水盘；11—检漏舱；12—橡皮塞；13—调压舱底孔

控制部件由对孔阀与螺管式电磁铁组成，并共同组装在一个开口金属套筒内。螺管式电磁铁由衔铁、线圈与外壳组成，衔铁芯轴的上端为棘爪，用弹簧与套管相连，以便棘爪自动复位。对孔阀由带进水管的进水盘和带棘爪的分水盘与压力盘、信号盘共同组装在底板上。仪器入水后，尾部调压舱进水，通过器身连通管与对孔阀分水盘上的调压管相连，进入调压管的气体经分水盘的内圈向6个水样管调压。当需要取样时，可以发一个控制信号，这时螺管式电磁铁吸合一次，并使棘爪带动棘轮（分水盘）转动30°，对准一个水样舱的进水管，采集水样（图7.14）。

调压式采样器的控制部分用于水文缆道的无线控制调压式采样器，其控制部分由水下控制器与室内控制器组成。岸上控制盒的作用是为水下控制舱提供测沙触发信号，并接收水下发出的水面、河底测深信号及流速仪信号。水下控制舱的作用主要是通过"无线"信号传输通道，接收负脉冲信号，驱动采样器的电磁阀完成调压、进水和排气功能。

（3）皮囊式采样器。所有皮囊式采样器均由进水管、前舱、控制阀门、皮囊取样舱及器身（中舱）、尾舱等组成。为了配合输沙率测验，仪器前方配置流速仪悬杆，器身后部安装河底信号器。

1）单程积深式皮囊采样器。仪器采用薄型机翼线型曲线，组成旋转体流线型外壳，分前轮、中舱、尾舱3部分，如图7.15所示。

头部（前舱）用 3 颗制动螺丝呈 120°夹角与中段器身固定，管嘴用并帽安装在前舱的中心孔内。在前舱后部安装浮子阀门，在浮子阀门的中心孔内有 1 根乳胶短管，前端与进水管相连，后端与承水口并帽相连。承水口并帽用一根支杆固定在前舱后部的下方。仪器河底托板前端与头舱铰链，后端与河底信号器相接，当仪器单程积深到河底后，河底托板前端的触销顶托浮子开关的顶板，达到用浮子开关控制口门的目的。

浮子阀门是采样器的关键部件。为了使阀门结构简单，动作可靠，使用维修方便，采用机械式重力浮子开关，在测深的同时，自动采集单程积深水样。阀门的开启动力来源于浮子重量，并应力求增大转动力矩，当河底托板在水中被水流冲击时，应能保证浮子无误动作。

浮子阀门的所有零件都装在金属底板上。转销与转杆将浮子与底板相连。金属固定夹片与中间的刀口状夹片用螺丝分别与压杆、阀杆、扭簧等按既定的位置固定在底板上。挡片用来固定顶杆，阀杆与浮子转杆之间按固定距离用一根细绳或细金属棒与之连接，再经适当调整即组成浮子开关部件。

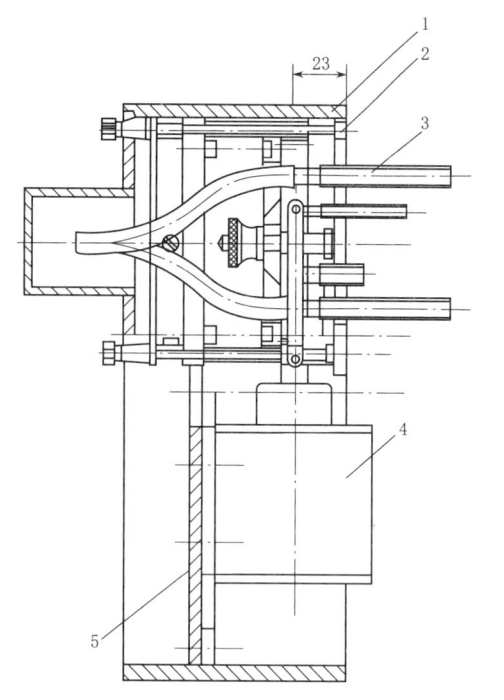

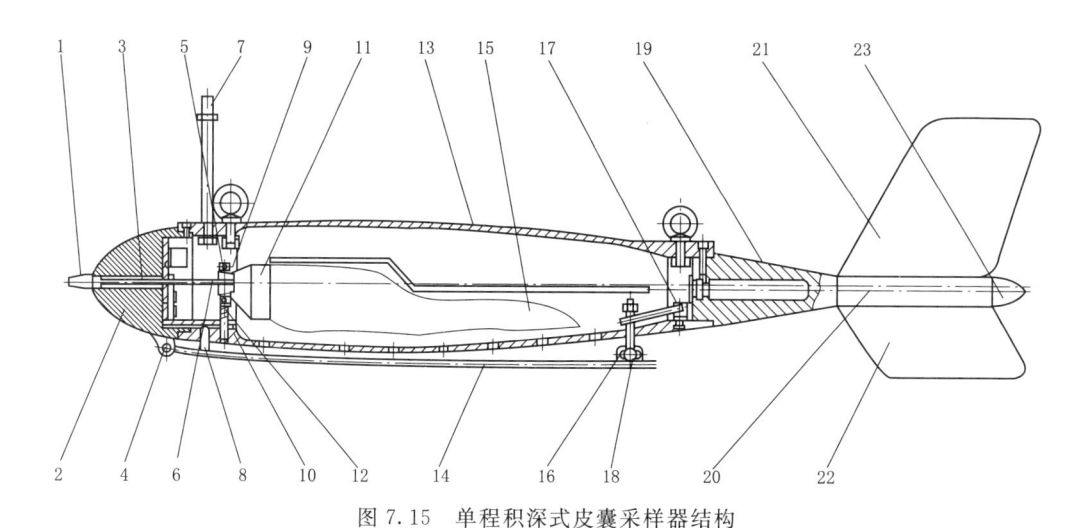

图 7.14 控制部件结构
1—外壳；2—后隔板；3—出水管；
4—电磁铁；5—固定板

图 7.15 单程积深式皮囊采样器结构
1—进水管；2—前舱；3—接管；4—转轴；5—阀杆；6—短管；7—悬杆；8—顶杆；9—接口座；10—底盘；11—接水口；12—阀杆；13—器身；14—托板；15—皮囊；16—支杆；17—转销；18—托板转轴；19—尾舱；20—尾柱；21—上纵尾；22—下纵尾；23—尾帽

当仪器在未入水前,浮子下落,靠浮子的转动惯量打开阀门,仪器处于进水状态。浮子下落时,拉开阀杆向左倾斜,阀门压杆掉下,进水管就可采集水样。当仪器到达河底后,托板上移,带动顶杆推动压杆至关门位置,阀门即关闭,河底信号同时接通。上提测速时,只要仪器不离开水面,阀门将处于关闭状态,测速、取样互不影响。当仪器提出水面后,浮子再次下落,又可继续下一根垂线测量。

2) 积点式皮囊采样器。仪器分有线控制与无线控制两种。无线控制采用的电磁阀与调压式电磁阀相同;有线控制采用合拍式电磁阀。ANX系列仪器采用不对称型典型机翼曲线,组成旋转体流线型外壳,分前舱、中舱、尾舱三段。仪器整机由铸铁制成,并在中舱灌铅配重。仪器前舱为密封舱,安装合拍式电磁阀。为保证在深水时电磁阀不受器内外静水头压力差的影响,能正常工作,利用尾舱设置调压管。仪器在入水过程中,尾舱下部进水孔快速进水,并向前舱压缩空气,使前舱达到器内外压力平衡,保证电磁阀在深水时能正常工作。

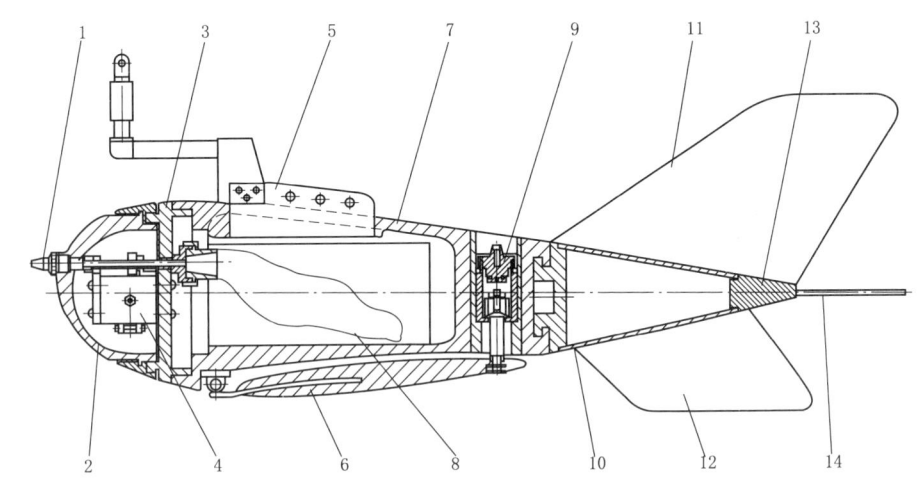

图 7.16 积点式皮囊采样器结构

1—进水管;2—前舱;3—阀座;4—电磁阀;5—挂板;6—河底托板;7—器身;8—皮囊;9—河底信号器;
10—尾舱;11—上纵尾;12—下纵尾;13—尾帽;14—横尾

器身组件由进水管用并帽与头舱相连,经过硅橡胶软管,通过电磁阀固定在阀座上。阀座用互成120°夹角的3只固定螺丝,安装在器身的前端。在器身正前方用挂板与流速仪悬杆相连。挂板上方在重心位置处用卸扣与悬索相连。器身下方为河底信号托板。当仪器下放到河底时,河底托板上托,带动顶杆接通河底信号器。器身尾端与尾柱焊接。尾柱下方的两个进水孔在仪器入水后先快速进水,压缩尾舱内空气经上方调压管,将压缩空气输送到前舱,达到前舱与测点位置处的器内外压力平衡的目的。在尾舱的上方分别安装上纵尾、下纵尾横尾及尾帽,仪器由上下三片纵尾组成,定向灵敏、稳定。

7.1.2.2 悬移质测沙仪

1. 光电测沙仪

光电测沙仪由水下部分、水上部分、连接电缆和电源部分组成。水下部分是一整体结构，包括一对发射、接收光线的传感器，两传感器之间的距离为光程；水下部分也包括工作控制和光通量测量、信号转换部分，通过电缆向水上发送的是测得的光通量信号。水上部分可能是一台计算机，用电缆与水下部分连接。应用随仪器配备的专用软件，用计算机向水下部分发出工作指令，接收水下测得的光通量信号，再经计算后求得含沙量。计算机或配用的专用水上仪表会有数据处理和再传输的功能。通信电缆连接水上、水下部分，同时向水下部分供电。

有些是一体化的仪器，可以安装在水下自动工作、记录和传输。

2. 超声波测沙仪

超声波测沙仪集成有超声波传感器，用来发射接收超声波。通过对传感器接收到的超声波信号进行计算处理，得到与含沙量有关的电信号。另外仪器还有岸上部分，可用一台计算机计算、显示并记录测量的含沙量（图 7.17）。

3. 同位素测沙仪

仪器包括放射源、γ 射线接收测定器、数据处理器、电缆等部分。水文测验中应用的仪器往往将所有部分装在一专用的铅鱼上，放射源和 r 射线接收测定器之间是被测的流动水体。

放射源由专门部门供应和处理，使用时装入仪器或专门的装置内，使用后要卸下并作特殊保管。γ 射线接收测定器也应使用放射性测定专用设备。数据处理器根据接收到的 γ 射线测量电信号强度、衰减系数、水体距离、发射 γ 射线强度，计算得出水体密度。再计算得到含沙量，并显示、记录。数据处理器可以将测得含沙量输出、供遥测传输。

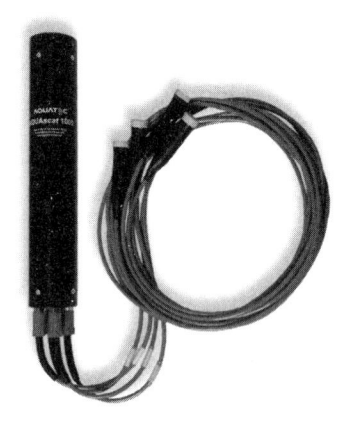

图 7.17 超声波测沙仪

对同位素测沙仪的技术要求和对光电测沙仪的要求相近。同位素测沙仪的应用范围可以更广一些，它能适应 $0.5\sim1000\text{kg/m}^3$ 的含沙量范围，也能适应较大的流速。

4. 振动测沙仪

振动测沙仪应用的振动管是一种比较成熟的密度传感器，如果将被测水体抽引通过仪器振动管，就可以测得含沙量。但是，水文上测量含沙量时，不能过分干扰水流，必须将仪器放到测点，因此振动测沙仪由水下传感器和水上仪器两部分组成，中间用电缆连接。

振动测沙仪传感器的基本结构如图 7.18 所示，水流沿箭头方向流进、流出仪器内的振动管，在激振线圈的电磁力作用下，振动管以随含沙量变化而变化的固有频率发生振动，此振动在检测线圈内感应出同频率的振荡信号，经连接电缆，振荡信号被水上仪器接收。

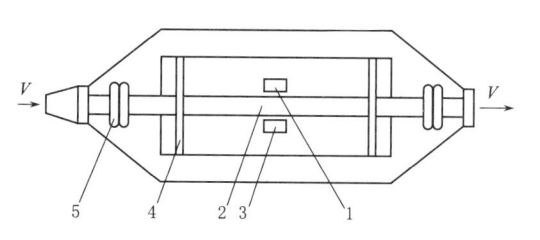

图 7.18 振动测沙仪传感器结构示意图
1—激振线圈；2—振动管；3—检测线圈；
4—固定管座；5—减振器

仪器水上部分可以是台信号接收处理专用设备，也可以使用一台计算机。其功能是控制水下传感器的工作，接收水下传感器的信号，并处理，计算出含沙量数据，水下传感器可以是一个单独的仪器，具有相应的耐压密封性能，它的外形应较顺直、不干扰水流，通过振动管的水流要尽量保持天然流速。这样的传感器可方便安装在测流铅鱼上。也可以设计制作专门的测沙铅鱼，将传感器安装在此铅鱼内部，铅鱼前后有设计完善的进出水口，将水流导入，导出振动管。

7.2 适用的水文环境

7.2.1 悬移质采样器

7.2.1.1 悬移质采样器的特点

1. 瓶式采样器

普通瓶式采样器的安装、调试、操作、使用均很方便，仪器入水就开始取水样，到河底指示返程，只要控制好提放速度，就能采集到近河底15cm内的双程积深水样。

2. 单程积深皮囊采样器

单程积深皮囊采样器采用浮子式机械阀门，仪器入水后，就开始采集水样，接触河床后，浮子下垂，自动关闭口门，采集单程积深水样，避免双程积深仪器在河底停留时间。

3. 积点式皮囊采集器

积点式皮囊采集器采用缆道有线控制合拍式夹断电磁阀，水样不流经阀体，不会产生卡阻现象，控制可靠性高，适用于各种测验方法采集水样，水样进口流速与天然流速误差在±10%以内的累计频率在80%以上，水样代表性较好。皮囊放在特制的皮囊杯内，操作方便不易划破。

4. 积点式临底沙采样器

积点式临底沙采样器由扇形椭圆体沉压式铁鱼制成，采用低功耗有线或无线控制，双向自锁夹断式电磁阀，可以采集到近河底10cm处水样。

5. 积点调压式单舱采样器

积点调压式单舱采样器采用无线或有线控制双向三通滑阀，水样进口流速误差一般在10%以内的累计频率达90%以上，不同规格款式的取样容积不同，有些可取多条垂线分舱积深水样，水样代表性较好。

7.2.1.2 悬移质采样器的适用条件

到目前为止，国际江河泥沙测验仍以器测法为主，表中所列5个系列18个品种悬移质采样器，基本上满足我国各类江河水情，用各种测验方法和各种测验设施测沙的需要。根据水文仪器标准规定，A为泥沙仪器；X为悬移质，T为推移质，C_c为测具，P为瓶式，N为皮囊式，Y为调压式，型号后数字代表重量，如APX-100为瓶式采样器100kg。

每种仪器都有一定的适用范围，选择适当的仪器可以满足测站水情的需要，我国江河一般水情水深20m以内，平均流速3m/s以内，含沙量30kg/m³以内，每种仪器适用范围请参阅说明书。选择仪器主要根据测站水情，测验方法，再结合测站历年使用铅鱼重量及起重设备能力。悬移质采样器一般需要配套使用其他系统设备来完成采样工作，除手持涉水测量外，其他各种仪器都能用于水文缆道，测船、桥梁或涵闸巡测。

7.2.2 测沙仪

7.2.2.1 测沙仪的特点

所有积时式采样器都要经过水样分析才能知道水体悬移质泥沙含量。用全断面混合法取样分析，虽然缩短了测验历时，提高了测验精度，但是仍然不能测到含沙量连续变化的过程。新型悬移质测沙仪就是试图不经采样分析就能直接测量到水体中悬移泥沙含沙量与它的连续变化过程。

7.2.2.2 测沙仪的适用条件

长期以来，国内外对此进行了许多探索，但由于含沙量变化受边界条件影响比较复杂，或由于新型测沙仪一些自身因素的约束，导致在水文测站直接使用上受到一定限制，至今还没有一种方法形成产品可推广使用，也没有一种方法能够实现从零以上低含沙到浓度较大的高含沙广谱含沙量测量，更未解决以水文缆道起重索和地线通过水体为信号传输通道的缆道测量。

7.3 安装与使用

7.3.1 悬移质采样器的安装与使用

7.3.1.1 瞬时式采样器的安装与使用

1. 拉式采样器

安装使用前应先检查有无漏水现象，发现漏水应调节弹簧拉紧的弹力，直至不漏水才可使用。

使用时先将仪器固定在测杆的下端，拉绳最好从测杆孔中引向测杆上端。这样操作方便，拉绳关闭口门的可靠性较高，但这种装置只适用于浅水。若水深超过 2.5m，为了减轻测杆重量，则可用竹竿或木杆。这时拉绳只能放在测杆外面，受水流冲击，测杆太长，即使由两人操作也很不方便。

2. 锤击式采样器

锤击式采样器是瞬时式采样器的又一种形式。仪器的性能、结构与拉式采样器相同。该仪器使用时，应固定在专用扁形铅鱼上，即使这样，采样器距离河底仍然很高，因而这种仪器难以采集到近河底水样，而悬移质含沙量恰恰是越接近河底越大，所以用这种仪器采集水样，所测含沙量偏小。除此之外，在水深流速大时锤击还不易使筒盖关闭，操作可靠性不高。

7.3.1.2 积时式采样器的安装与使用

1. 瓶式采样器

早期的瓶式采样器用一个玻璃瓶固定在测杆上，迎流向设置进水管，背流向设置排气管。用双程积深法取样，适用水深在 2m 左右，深水取样时，将取样瓶固定在铅鱼上方或安置在铅鱼腹腔内。现今一般使用双程积深瓶式采样器，可采集靠近河底的水样。

2. 调压式采样器

调压式采样器适用于水文缆道或测船用全断面混合法，在缆道或测船一次运行过程中完成预定测点的测速和采集水样任务。仪器配置的水面及河底信号器在偏角不大的情况下也可用来测量水深，从而使仪器在悬移质输沙率测验时能达到输短测验历时，提高测验精度的目的。

调压式采样器用流量加权全断面混合法测量含沙量。具体测验方法应按泥沙测验规范或省、区、流域机构规定的操作程序进行。这里介绍全断面混合法的操作与计算步骤。

设某江河测沙断面全断面混合法测沙垂线计 5 根，每根垂线用三点法取样。

当仪器在第一根垂线第一点取样时，按波义耳定律：

$$p_0 W_0 = (p_0 + 0.2H) W_{0.2} \tag{7.21}$$

采集该测点处 $Q_{0.2}$ 水样后，仪器下放到第 2 点 $0.6H$ 处取样，这时体积与压力关系为

$$(p_0 + 0.2H)(W_{0.2} - Q_{0.2}) = (p_0 + 0.6H) W_{0.6} \tag{7.22}$$

再采集 $0.6H$ 测点处水样 $Q_{0.6}$ 后，继续将仪器下放到第 3 测点 $0.8H$ 处取样。

$$(p_0 + 0.6H)(W_{0.6} - Q_{0.2} + Q_{0.6}) = (p_0 + 0.8H) W_{0.8} \tag{7.23}$$

设：$p_0 + 0.8H = H_{\max}$；则

$$H_{\max} = (p_0 + 0.6H)(W_{0.6} - Q_{0.2} + Q_{0.6})/W_{0.8} \tag{7.24}$$

当第 1 根垂线用三点法测完后，仪器提出水面，至第 2 根垂线，这时应注意仪器在从第 1 根垂线向第 2 根垂线的运行过程中，调压舱的调压水已完全放空，仍为原来的调压容积，但取样舱的有效容积因在第 1 根垂线取了 3 点水样，这时取样舱的有效容积已缩小了 $Q_{0.2} + Q_{0.6} + Q_{0.8}$ 的容积，所以当仪器到第 2 根垂线取样时，它所测量的深度已超过第 1 根垂线的最大水深。

为此，在实践中，往往将最深的垂线放在最后取样，从而扩大仪器使用范围。若取样容积不够，则分 2 次取样。

3. 调压式采样器

皮囊式采样器有浮子式阀门的单程积深采样器和有线控制夹断式电磁阀、无线控制滑动式电磁阀的积点混合法等 3 种系列。

浮子式阀门单程积深采样器使用方法与瓶式采样器基本相同，唯一区别是该仪器单程积深到河底后，自动关闭口门。无线控制采样器使用方法基本上与调压式采样器相同。

有线控制采样器使用时，首先在室内通电检查控制盒能否正常控制电磁阀，并可从进水管嘴处向皮囊内吹烟，当电磁阀夹紧软管后，取出皮囊，这时皮囊内应有余烟。室内检查证明一切正常，就可将仪器悬挂在缆道起重索或船测、桥测的各种水文绞车上采集水样和测深、测速。具体操作步骤是将仪器电磁阀线圈的两根引出线分别与缆道或测船的两根引线接通，并与室内控制盒的两个接线柱相连，再将室内控制盒接上 220V 电源，即可工作。

仪器安装在入水段起重索贯芯线的有线控制缆道上，请参照图 7.19 接线使用；仪器如安装在有拉偏索缆道的有线控制缆道上，请参照图 7.20 接线使用。

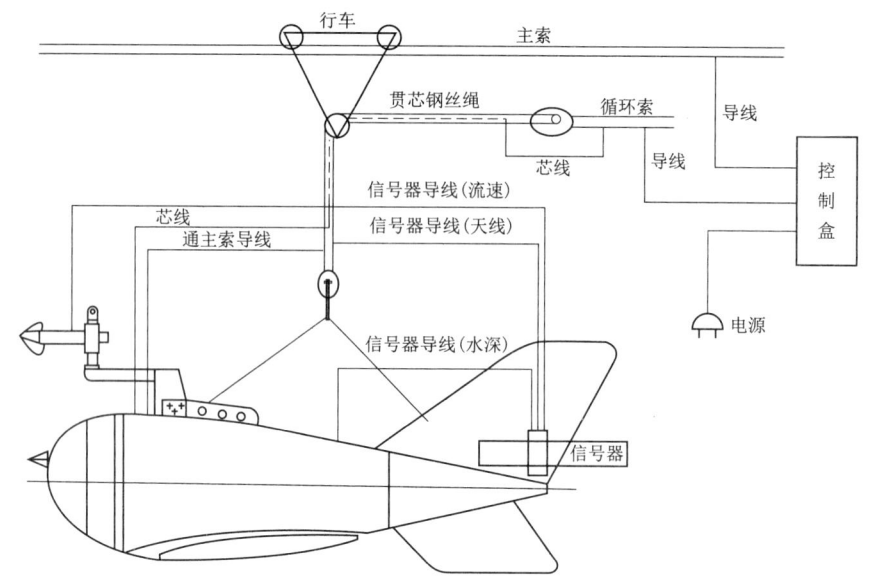

图 7.19 皮囊式采样器在有线缆道上的使用

7.3.2 测沙仪的安装与使用

同位素测沙仪、光电测沙仪、超声波测沙仪、振动式悬移质测沙仪器都是用于实时在线泥沙测量的仪器。该类仪器不需要采集水样，将仪器或测量探头直接放入水中测点位置，即可实时测量含沙量。

7.3.2.1 同位素测沙仪

同位素测沙仪可省去水样的采取及处理工作，操作简单，测量迅速。同位素测沙仪工作性能较稳定，测量误差较小，可以在现场测得瞬时含沙量，仪器自动化程度高，测沙速度快，是一种较好的自动测沙仪器。它的测沙范围很大，使用范围也就很广。但含沙量太低时，测量误差较大；放射性同位素衰变的随机性对仪器的稳定性有一定影响；水质及泥沙矿物质含量对含沙量测验强度有一定影响；同位素测沙仪必须使用放射源，放射源对人体、环境的影响不可忽视。这些因素使得该类仪器难以推广应用。

测沙时要将仪器整体悬吊到水中预定测点处测量，也可以固定安装。

使用中最需要注意的是国家对放射源有详细、严格的管理规定。在购买、运输、保管、应用、贮存、废弃、处理等所有环节上都有具体要求，必须严格执行。

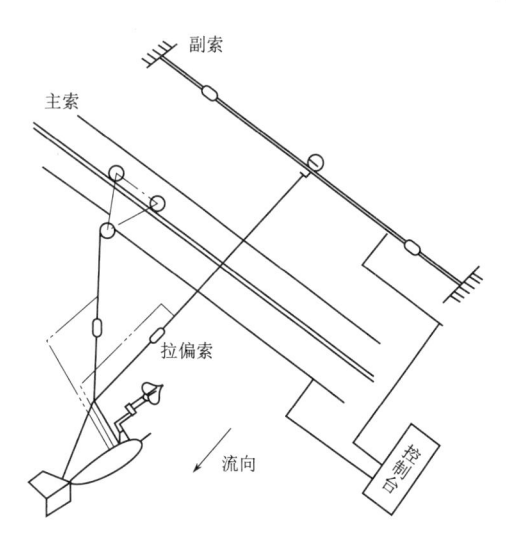

图 7.20 皮囊式采样器在拉偏索缆道上的使用

7.3.2.2 光电测沙仪

光电测沙仪能自动长期工作，自动测量含沙量，测量速度快，测得数据可以很方便地长期存贮和供自动传输，便于应用于水文自动测报系统。

由于它的工作原理所限，这类仪器只能应用于各型产品特定的范围内，包括含沙量、泥沙粒径等限制，光电测沙仪只能应用于低含沙量、较稳定的泥沙粒径、允许较大误差条件下使用。

7.3.2.3 超声波测沙仪

超声波测沙仪的传感器是超声波换能器，能适应长期水下工作环境，不需要像光电测沙仪那样经常清洗。实际应用中发现，这种仪器低含沙量误差更大，在高含沙量的情况下精度会好些，因此，适用于高含沙量测量。

7.3.2.4 振动式测沙仪

振动式测沙仪没有可动部件，也没有与水体接触的发送接收传感器，与水体接触的振动管只是一个水流通道，所以它能长时期自动工作。

影响仪器测沙性能和稳定性的因素较多。使用前要确定并置入泥沙密度值；实验表明，泥沙粒径大小及颗粒组成对仪器的测验精度有很大影响，长期应用时要注意定期调整，以保证测沙准确性。

振动管内腔是一细长形管道，进水口会受到漂浮物堵塞影响；当水流流速较小时，可能会在振动管内产生泥沙淤积。上述问题一旦发生，将严重影响测沙准确性。因此，这是影响振动测沙仪能否长期自动工作的主要因素。另外，由于温度对振动测沙仪测量误差影响较大，当仪器入水后不能马上进行测量，需要在水中停留一段时间，待温度稳定后方可进行测量，这也影响仪器的测量速度。

7.3.2.5 OBS 测沙仪

OBS 测沙仪适用于不同泥沙含量的水体，包括河流、湖泊、河口出海口及近海沿岸等环境。特别是在泥沙含量较大的区域，如长三角区域，OBS 测沙仪能够发挥其连续监测的优势。然而，需要注意的是，在泥沙浓度极高（如达到 $5kg/m^3$）的水体环境中，发射的红外光可能会沿着相连路径衰减，导致后向散射强度减少，从而影响测量准确性。

OBS 浊度仪通过接收红外辐射散射量来监测悬浮物质，包括泥土、粉尘、微细有机物、浮游动物和其他微生物等悬浮物和胶体物。这些物质都能使水中呈现浊度，从而被 OBS 浊度仪测量。OBS 浊度仪采用红外光源，其优势在于红外辐射在水体中衰减率较高，能够较好地避免阳光直射的干扰。这使得 OBS 浊度仪在户外自然光条件下也能保持较高的测量精度。

7.3.2.6 量子点光谱泥沙监测沙仪

量子点光谱泥沙监测系统具备在线监测、快速监测和走航式监测 3 种模式。在线监测模式为采用浮体将泥沙监测终端固定在水下某一深度，按固定时间间隔进行数据采集；快速监测模式为测验时将泥沙监测终端装在铅鱼等载体上，放入水中不同测点，人工控制监测工作的开始和结束。走航式监测模式为将泥沙监测终端装在测船、铅鱼等载体上，放入水下一定深度，测验时沿断面横渡，边运行边记录数据，测得到水层平均含沙量，可与走航式 ADCP 流量测验同时进行。可循环进行不同深度水层平均含沙量测验。

在线测沙模式的安装方式有：岸边或固定建筑物安装、船载或浮体安装等。可根据需要在不同位置布设多套泥沙监测终端。

1. 岸边或建筑物安装

量子点光谱泥沙监测系统安装河岸边、水位自记井、桥墩建筑物上，安装地点需与水体直接接触，应保证最低水位时泥沙监测终端不露出水面。安装固定方式如图 7.21 所示。

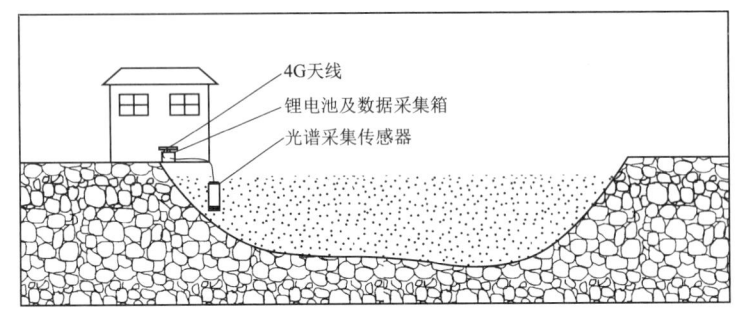

图 7.21 量子点光谱泥沙监测系统岸边或建筑物上安装示意图

2. 船载或浮体安装

量子点光谱泥沙监测系统安装在船舶、浮漂或其他固定漂浮物上，浮漂、固定漂浮物需固定在水底，应保证最低水位时泥沙监测终端不露出水面。固定安装方式示意图如图 7.22 所示。

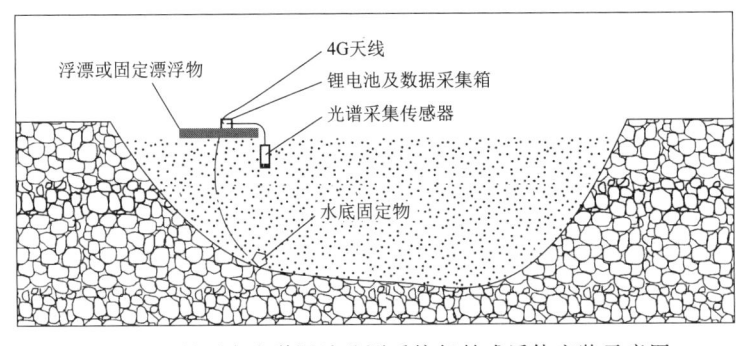

图 7.22 量子点光谱泥沙监测系统船舶或浮体安装示意图

量子点光谱泥沙监测终端的安装位置的选择应综合考虑断面形态、水流流态及所测点含沙量与垂线平均含沙量及断面平均含沙量的代表性等因素。

7.4 维 护 与 校 准

7.4.1 悬移质采样器的维护与校准

在使用过程中，要注意安全，仪器下方严禁站人，运行过程中要主动避让行船，以防紧固件脱落，发生意外事故。悬吊时应采用有紧固结的人字形悬挂，保证安全。水文仪器不同于家用电器，维修网点遍布全国乡镇，水文仪器维修网点不多，用于缆道无线控制的仪器，需专人负责使用及日常维护，一台仪器连续使用十年的事例也不少。

7.4.2 测沙仪的维护与校准

同位素测沙仪的相关产品比较成熟，准确度也较好。但在使用前仍需要和标准方法进行对比试验，以率定仪器。

光电式测沙仪长期使用时，需要保持光学传感器表面的洁净，并需要及时比测率定。

超声波测沙仪由于仪器误差较大，只能用于精度要求不高情况下的含沙量测验，并需要经常用取样测得的含沙量进行比测率定。

振动测沙仪一般可以安装在测流铅鱼、悬索和测杆上使用。在使用中，为了保证其稳定性和提高测沙准确度，需要定时进行检定。一般方法就是测量零含沙量清水的密度，调整到含沙量为零值，再将仪器投入工作。也需要和常规方法实测含沙量值进行对比，使含沙量测得值更为可靠。

OBS测量得到的是浊度值，而实际应用中需要的是泥沙浓度值，因此还需要进行泥沙校准。泥沙校准可分为现场泥沙标定和室内泥沙标定两种方法。现场泥沙标定通过同步采集水样并测定含沙浓度来标定OBS浊度值；室内泥沙标定则在实验室条件下通过逐步添加烘干泥沙样本来得到不同泥沙含量和浊度值的对应关系。在进行校准前，应确保仪器处于正常运转状态，并仔细阅读使用说明书以了解具体的校准步骤和要求。校准时应使用符合标准要求的标准溶液和试剂，并确保试管的清洁度以避免误差。校准过程中应注意避免气泡和光照等因素对测量结果的影响。

量子点光谱测沙仪应定期使用干净的软布或无尘纸巾擦拭仪器表面，确保无尘和杂质。避免使用有腐蚀性的清洁剂或清洁布，以免损坏仪器表面。特别注意清洁仪器的光学部件，如光路、物镜等，这些部件容易积累灰尘和污垢，影响测量精度。清洁时应关掉仪器电源，使用专门的光谱仪擦拭布轻轻擦拭，避免使用化学物品，可用清水或纯水清洗。

7.5 故障分析与处理

7.5.1 悬移质泥沙采样器的故障分析与处理

本节以ANX-HW与ANX-LS系列皮囊式悬移质泥沙采样器为例，介绍悬移质泥沙采样器的故障分析与处理（表7.1和表7.2）。

表7.1　　ANX－HW系列皮囊式悬移质泥沙采样器故障现象分析与处理表

序号	故障现象	检测与维修方法
1	控制盒接通电源后，电源指示灯不亮	检查保险丝是否正常，需要时更换保险丝，应有60V输出；检查电源按钮开关及电源插座等是否接触良好

续表

序号	故障现象		检测与维修方法
2	控制盒接通电源后,电磁阀开关指示灯不亮		打开控制盒上盖,检查电源板是否接触良好,检查整流,稳压电路是否有输出
3	控制盒发出控制指令信号,电磁阀开关不动作		检查控制盒2个接线柱是否接线良好;检查缆道起重索和拉偏索是否畅通或是否与地线短路;将控制盒与仪器引出线直接相连,如电磁阀仍然不动作,需检查电磁阀
4	电磁阀不动作		旋开仪器前端并帽,取下头舱,可见电磁阀,用手揿压电磁阀动铁芯,检查动作是否正常;检查线圈电阻,应在50Ω以上;检查仪器电磁阀的2根引出线是否断路或短路
5	电磁阀线圈及引出线故障		将仪器身前部三颗互成120°夹角的制动螺丝松开,取下阀座并旋下阀座背面的引出线密封套的六角螺帽,取出尼龙垫圈及小橡皮塞,然后从阀座正面抽出2根引出线;松开阀座正面,固定电磁阀的4颗固定螺丝,取下电磁阀后,可用邮寄送回制造厂检修;如自己修理,请按下列顺序拆卸电磁阀: (1) 旋下电磁阀底板的4颗沉头螺丝; (2) 松开带弹簧的托板; (3) 取下导磁板; (4) 松开电磁阀的动铁芯支架螺丝,取下带动铁芯的支架; (5) 从下端(有螺纹的一端)轻轻拍打,取出定铁芯; (6) 从导磁套内取出线圈重新绕制,线径在0.38～0.41选用,应密绕排齐,绕至距骨架边缘1mm处为止。重新绕制后,应作真空浸化并烘干处理; (7) 按上述步骤的相反次序,将电磁阀固定在阀座上; (8) 电磁阀安到阀座上以后,将电磁阀的2根引出线从阀座里面的密封套孔内穿出阀座,然后再从小橡皮塞的2个小孔内引出,将小橡皮塞放进密封套,装上尼龙压圈,旋紧六角并帽,将引出线穿出仪器背部,再将3颗制动螺丝旋紧
6	头舱漏水		旋下头舱并帽取出进水管,金属垫圈和O形密封圈,分别更换进水管及进水管末端的2个O形密封圈,可以防止漏水
7	进水量偏大	电磁阀未打开,皮囊已进水	检查皮囊承水口与接水口的泡沫橡胶垫圈是否老化,如老化应予以更换
8		悬吊位置不水平,头部偏高	适当降低头部悬吊位置,目测悬吊水平,可以略微偏低,但不能明显偏低
9	进水量偏小	进水段软管弯曲	进水管软管弯曲,影响进水的畅通,将头舱取下,排直软管
10		悬吊位置不水平,头部偏低	头部偏低,进水段呈上坡,使进水量偏小,适当提高头部悬吊位置,目测悬吊水平,可以略微偏高,但不能明显偏高
11	河底信号不通	河底托板及顶杆卡阻	检查河底信号托板及顶杆是否被泥沙阻塞
12		干簧管接线脱落	检查干簧管接线
13		干簧管常接触	更换干簧管
14		干簧管不通	更换干簧管

7.5 故障分析与处理

表 7.2　ANX-LS 系列皮囊式悬移质泥沙采样器故障现象分析与处理表

序号	故障现象	检测与维修方法
1	仪器入水后,进水管口门未开	仪器在空气中浮子应下落,曲杆拉动网杆向右偏斜,压杆自动脱离阀杆,进水口即打开,如果口门未开,检查:①扭簧是否太紧;②压杆与固定片之间的距离需适当调大,以不漏气为准
2	从水面到河底,单程积深水样容积偏小	检查:①适当提高头部悬吊位置,目测悬吊水平,可以略微偏高,但不能明显偏高;②检查进水管软管段是否扭曲;③旋下头部进水管并帽的小制动螺丝,用手转动进水管,感觉进水管无扭矩即可
3	从水面到河底,双程积深水样容积偏大	检查:①适当降低头部悬吊位置,目前悬吊水平,可以略微偏高,但不能明显偏高;②检查当浮子模拟浮起时,阀杆压紧固定片后,是否漏气,如果漏气,应将固定片向下移动,调整到能夹紧软管为准;③检查皮囊承水口与接水口之间泡沫橡胶垫是否老化或未垫紧,可以更换泡沫橡胶垫圈
4	仪器出水后,进水管口门未关	仪器到河底后,河底托板前端的销钉应将浮子间的横片上托并带动顶杆使压杆上移,扭簧同时使阀杆复位,从而关闭口门,如果口门未关应检查河底托板前端与头舱接合部位有无砂石卡塞,使托板到河底不能上抬,清除砂石后,手动托板,应能灵活动作
5	检修浮子阀门	①将仪器身前部与头舱连接的三颗互成 120°夹角的制动螺丝取下;②取下头舱;③旋下头舱底部铰链处的螺杆,取下河底托板;④旋下头舱内部的六颗沉头螺丝,取下浮子阀门;⑤清洗浮子阀门并除去锈迹;⑥手持阀门,模拟浮子出水时下落,检查在浮子下落时,曲杆是否能带动阀杆向右偏斜和压杆同时自动下落,否则应清理并转动各处固定螺丝;⑦手持阀门,模拟仪器到达河底时,用顶杆向上顶压杆,这时阀杆应及时卡住压杆斜面,阀门关闭,否则应清理并转动各部固定螺丝;⑧按上述相反次序,重新安装浮子阀门,直至仪器能正常使用

7.5.2　测沙仪的故障分析与处理

测沙仪常见故障与检测维修方法见表 7.3。

表 7.3　测沙仪常见故障与检测维修方法

序号	故障现象	检测与维修方法
1	测沙仪二次仪表显示测量故障,无数据输出	检查:①传感器外观与密封是否完好,内部器件是否有进水;②检查接线是否完好,线路是否有脱落或短路;③检查传感器的线路板是否工作正常,保险管是否被雷电击穿
2	测量数据误差明显偏大	在排除传感器故障的情况下,检查计算机软件参数是否正常,仪器率定系统是否正确设置
3	光电式测沙仪测量值明显偏大	检查光学传感器是否清洁,用专用镜头擦拭布对其进行清洁
4	振动式测沙仪电源正常,但无测量值输出	检查振动管内是否被大颗粒泥沙堵塞,采取措施清除管内杂质

7.6 应 用 案 例

7.6.1 一种多仓采样器（瞬时式）的应用

7.6.1.1 技术参数

用电子和数字技术的多仓无线遥控采样器，每下放到一个测点，可关闭任意一个采样器，一次操作，可分别取得任意点的多个水样，节省时间，防水防沙，操作简单、方便，控制准确、灵敏。技术指标如下：

(1) 应用最大含沙量：800kg/m³。
(2) 设计水深：150m。
(3) 采样容积：1000mL。
(4) 工作电源：12VDC。

7.6.1.2 安装与使用

该系统安装依托于重铅鱼采样设备，利用铅鱼的重量来确保流速较大情况下采样系统能正常到达指定水深，而尽量保持垂直，完成正常采样（图7.23和图7.24）。

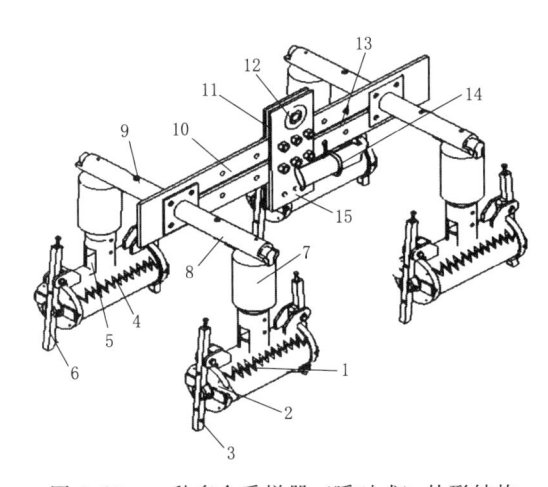

遥控悬移质泥沙采样器，4个尺寸相同的容积是1000mL的平口横式采样仓，采样仓还可以选用2000mL等其他规格，以实现多场合下的采样需求。采样仓选用镀锌无缝钢管的材质，其中两个采样仓安装在铅鱼的前部，另外两个采样仓安装在铅鱼的后部，设置在采样仓两端且与采样仓的仓口上端铰接的仓盖，以使得仓盖绕轴旋转。

仓盖内面镶嵌有与仓口配合的密封橡胶圈，以使得仓盖闭合后不漏水。在每个采样仓两端的仓盖之间固定安装与两端的仓盖的外边缘连接的弹簧。导杆安装在仓盖外表面且与仓盖固定连接，导杆设置在仓盖的中心且径向向上下两端延伸，在导杆的下部设置螺钉，用以调整仓盖闭合后

图7.23 一种多仓采样器（瞬时式）外形结构
1—采样仓；2—仓盖；3—导杆；4—弹簧；5—伸缩轴；
6—螺钉；7—电磁铁；8—金属支架；9—锁定螺钉；
10—悬臂连接板；11—固定板；12—吊索孔；
13—凹槽；14—遥控接收装置；15—调节孔

的位置，使得仓盖闭合后密闭效果更好。

在每个采样仓中心的上部垂直安装圆柱形的电磁铁，采样仓通过螺钉与电磁铁固定，固定采样仓的螺钉可以拆装，以方便取下采样仓。金属支架选用不锈钢管材质，金属支架水平设置在电磁铁的上端且与采样仓呈90°的方向上，电磁铁上端有一直径小于金属支架内直径的圆柱，使得电磁铁通过圆柱可以插入金属支架里面，在金属支架里面设置材质是

铜的电极触头，电极触头与电磁铁的圆柱接触，用以传输信号。

金属支架即用以悬挂采样仓和电磁铁，同时作为水下极板使用。电磁铁通过设置在金属支架上的锁定螺钉与金属支架固定，锁定螺钉是可以拆卸螺钉，方便电磁铁取下，采样仓可在金属支架上摆动60°，方便易用。在电磁铁的下部设置牵引阀，当仓盖手动打开的时候，仓盖旋转后，导杆的上端与牵引阀配合接触。悬臂连接板水平设置通过固定螺栓与金属支架垂直连接，安装在铅鱼前部的两个采样仓均通过金属支架安装在悬臂连接板的两侧，且两个采样仓的金属支架与悬臂连接板的距离相等。

安装在铅鱼后部的另外两个采样仓采用相同的方式安装在悬臂连接板的两侧，在悬臂连接板的中间位置通过螺栓固定连接固定板，在固定板上部设置吊索孔，在固定板下部设置铅鱼固定孔，吊索孔与穿过吊索孔的吊索之间设置绝缘垫片。在悬臂连接板的中部水平设置控制线路的凹槽，凹槽沿悬臂连接板的中心向前后两端延伸至金属支架8处，方便放置控制线路。

水下遥控接收装置包括分别与4个电磁铁连接用以控制电磁铁工作的遥控接收模块，水下电源分别与遥控接收模块和金属支架连接；遥控接收模块与吊索连接。遥控接收模块设置在水下的圆柱形的密封容器内；密封容器通过固定螺栓或金属卡箍安装在悬臂连接板的一侧，水下电源也放置在圆柱形的密闭容器中通过与密封容器同样的方式，固定安装在悬臂连接板的另一侧。水上遥控发射装置包括用以向遥控接收模块传送信号的遥控发射模块，遥控发射模块一端与露出水面的吊索连接，另一端与发射电极连接。

7.6.1.3 操作方法

该采样系统的控制操作采用触摸屏操作，外部控制盒物理按键作为备份控制的两种方式，当ELD-4控制台触摸屏程序出现故障时，可启用控制盒按键控制。触摸屏控制是当采样系统到达指定的起点距和水深后，点击触摸屏上的按键，对应的采样仓接收到控制命令后，进行关闭操作，之后用控制台移动采样系统，到达下一个采样点进行采样，以此类推（图7.25）。

图7.24 一种多仓采样器（瞬时式）现场应用

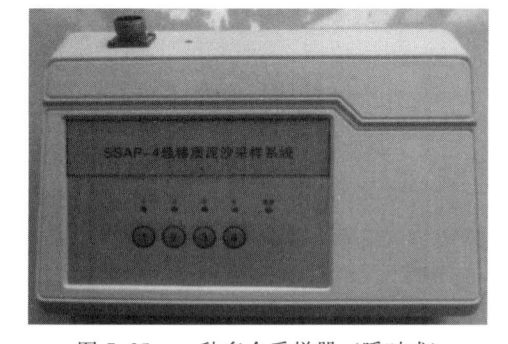

图7.25 一种多仓采样器（瞬时式）配套控制器

7.6.2 一种光电法悬移质测沙系统的应用

7.6.2.1 总体要求

本系统使用应遵照现行《河流悬移质泥沙测验规范》（GB/T 50159—2015）的有关要

求执行。使用中注意几个方面：

（1）测验河段在洪水期若有大量漂浮物或石块，则需要安装设备防护装置。

（2）应根据实际使用情况定期对仪器进行清洗维护以保证测量的准确性。清洗时先用湿棉布擦洗仪器前端镜头，然后用清水冲洗；若水生物的分泌物难清洗，可使用清洁剂清洗。

（3）应综合考虑测验河段特性、安装点代表性等技术条件，在设备安装前应实地勘察选址，安装后搜集比测资料，建立单沙点与断面平均含沙量的关系。

7.6.2.2 技术参数

本系统主要由泥沙监测仪、数据采集终端、通信系统、防雷接地系统、供电系统、辅助基础设施和数据管理软件等组成。适用于天然河道、渠道、水库等水体中悬移质泥沙含量的测量。

1. 应用条件

（1）测验河段相对顺直，断面流态情况相对稳定。

（2）测验河段的代表性安装点常年有一定的水深，保证设备工作时在水下至少 0.5m。

（3）测验河段的安装点应避开水中有持续气泡或者持续旋涡的位置。

（4）适用于泥沙含量不超过 $45kg/m^3$ 的水体。

2. 主要技术指标

（1）测量范围：$0.001\sim45kg/m^3$（标准），$0\sim120kg/m^3$（定制）。

（2）测量精度：小于测量值的 $\pm5\%$。

（3）测量环境温度：$0\sim55℃$。

（4）配有数字化传感器，抗干扰能力强。

（5）配有深度传感器和温度传感器。

（6）其他功能：具有自动清洗功能，内设自诊功能。

（7）防护等级：IP68。

（8）耐压范围：$0\sim30m$ 水深（标配）。

（9）可定制型号和量程，满足不同测验环境要求。

7.6.2.3 安装与使用

根据测站特性（考虑因素包括断面宽度、泥沙横向分布情况、泥沙垂线分布情况、断面水深情况、断面流态等），可采用单垂线单点法、单垂线两点法、单垂线多点法、多垂线单点法、多垂线多点法等多种方案，以获得良好的代表性。

在线泥沙监测系统安装前，应进行测站历年水、沙特性分析，了解断面冲淤特性、河道河势变化特性及洪水漂浮物情况，优选系统安装位置及安装方法。应优先选择含沙量代表性比较好的垂线。当垂线确定以后，应优先选择含沙量代表性比较好的测点。

在线泥沙监测系统安装方式主要有固定式、铅鱼缆道式、自动运行车载式、船载式、浮标式。

固定式安装：传感器安装位置位于历史水位最低点之下，确保在低水位时也能测量到结果（图7.26）。

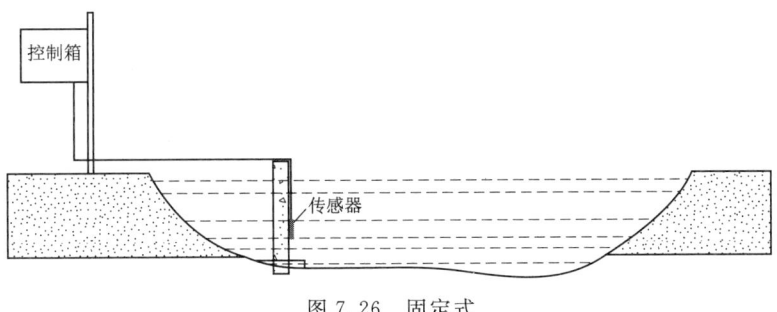

图 7.26 固定式

铅鱼缆道式安装：传感器安装位置位于铅鱼上，无线电台实时将测量数据发送到控制箱，可通过控制箱或电脑实时查看测量数据（图 7.27）。

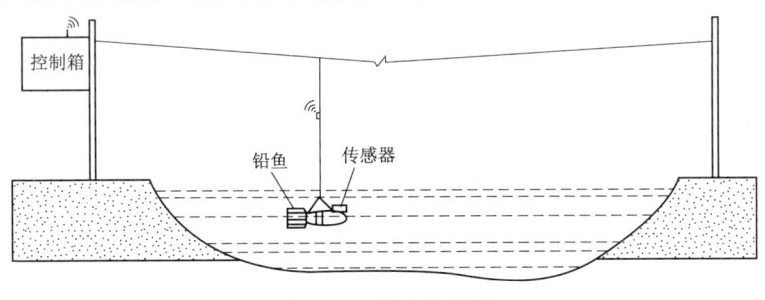

图 7.27 铅鱼缆道式

自动运行车载式安装：传感器悬挂于自动运行车上，自动运行车根据设置参数进行测沙（图 7.28）。

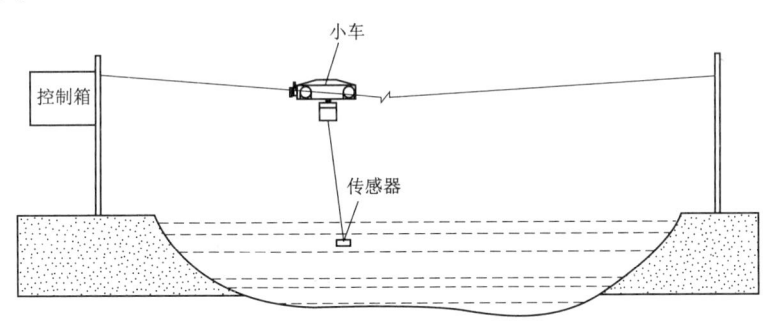

图 7.28 自动运行车载式

浮标式安装：传感器固定于浮标下，控制器根据设置参数定时采集数据，将采集数据通过 DTU 发送到服务器并进行本地保存（图 7.29）。

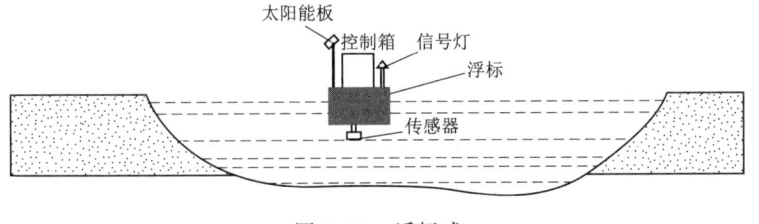

图 7.29 浮标式

船载式安装：传感器固定在船上，随船进行数据采集（图7.30）。

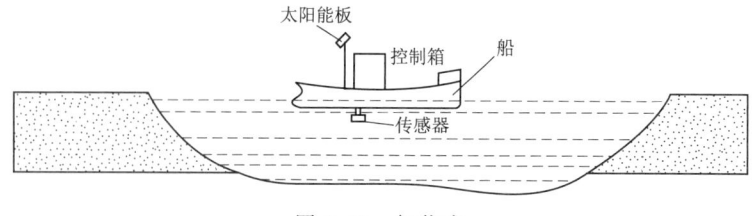

图7.30　船载式

比测率定和检验，采用人工取样同步比测，使用烘干法和称重法计算含沙量，按照《河流悬移质泥沙测验规范》（GB/T 50159—2015）的要求开展比测率定，并按有关规范要求进行检验。

7.6.2.4　运行维护

1. 投产运用

系统比测率定合格后，投入运行需做好以下工作：

（1）在线泥沙监测系统的单沙点实时监测数据应上传到数据接收平台，通过软件平台输入的率定关系，自动推算出断面平均含沙量。

（2）每年进行断面平均含沙量校验，在使用期间发生超率定模型应用范围的，应及时补充比测。

（3）投入运行后应落实专人按要求做好设备供电保障、定期维护、运行日志记录、异常数据分析和佐证资料收集等日常工作，保障设备正常运行。

（4）当设备发生故障或关系发生变化时，应及时分析原因，调整测验方法，恢复单断沙关系法恢复测次。

2. 注意事项

（1）重视比测工作，仪器比测是一项重要的工作，注意同步比测，比测方案安排上要实用可行。

（2）应定期对仪器进行检查，发现有漂浮物在仪器附近影响系统安全，应及时清理。

（3）应根据实际使用情况定期对仪器进行清洗维护以保证测量的准确性。清洗时先用湿棉布擦洗仪器前端镜头，然后用清水冲洗；若水生物的分泌物难清洗，可使用清洁剂清洗；

（4）请确保带有自动清洗功能的仪器一直保持在水中，不能露出水面，勿手动旋转清洗刷，可能会造成仪器损坏。

思 考 题

1. 悬移质泥沙采样器、悬移质测沙仪的适用范围和各种类型的优缺点有哪些？
2. 悬移质泥沙采样器、悬移质测沙仪在日常使用中需要注意哪些问题？
3. 你对在线悬移质测沙的发展和应用前景有何想法？

第8章 推移质、床沙采样器

推移质测验常用方法有坑测法、器测法取样分析与非电量电测法。属于器测法的有压差式、网式盆式等几种。过去的推移质采样器大部分属于盆式采样器，现在已基本停用。坑测法只能在一定条件下的小河作为标定推移质采样器的采样效率，天然河道推移质的长期监测时很少使用。现在水利工程项目中测量推移质，使用的仪器主要是压差式与网式。推移质采样器的技术要求，除了与悬移质采样器有共同之处外，因推移质采样器要贴近河床取样，因此要求不能破坏河床原形，且不应对周围河床产生淘沙。除此之外，还要求有稳定的水力效率与较高的采样效率。

河床质一般由淤泥、沙质、砾石、卵石单一组成或混合组成。

8.1 工作原理及仪器结构

1. 卵石推移质采样器

卵石推移质采样器主要在长江上游及四川省境内江河使用。由小铁环链锁制成，网孔从10～20mm系双层底框架式采样器。其中大卵石采样器有矩形、斜口形、梯形三种。使用较多的为矩形，其前后口门宽度一致。大卵石推移质采样器体积较大，自重可达几百千克，采集到的推移质样品直径在70cm以上。因此，这类仪器难以做成压差式，一般都是软底框架结构（图8.1）。

2. 压差式推移质采样器

压差式推移质采样器适用于沙质、小砾石河床，是一种由进口断面向后扩张，使仪器出口断面大于进口断面，在出口处形成负压以提高水样进口流速的一种推移质采样器。

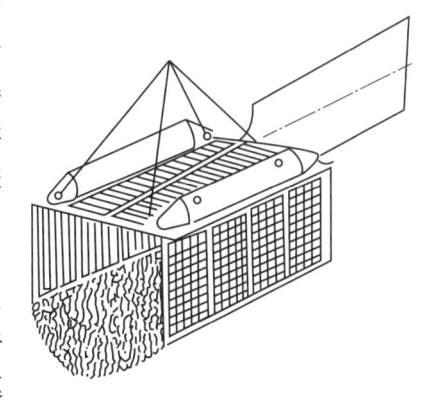

图8.1 大卵石采样器

这种仪器一般由口门、取样袋及带配重的器身组成。属于这种类型的采样器在国际上常用的是海尔-史密斯采样器（图8.2）。这种仪器虽水力效率稳定，但存在口门不易贴紧河床及取样袋被堵塞影响取样效率的缺点。

我国常用的压差式采样器由进沙板、口门、加重铅块和浮筒等几个主要部分组成。器身顶板及两侧从进口段向后逐渐扩张并增高，后部顶板为弧形曲线，使水流不在顶部产生漩涡。为使器口前部贴近河床和防止口门附近发生淘沙，又在仪器后部安装浮筒，使整个仪器重心向前移动（图8.3）。这种仪器的水力效率在各级流速时均比较稳定，已长期投入使用。

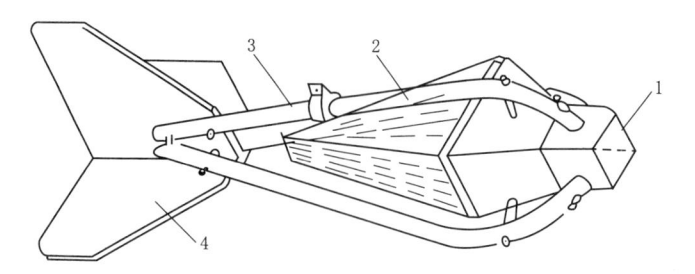

图 8.2 海尔-史密斯采样器
1—口门；2—网袋；3—配重管；4—尾翼

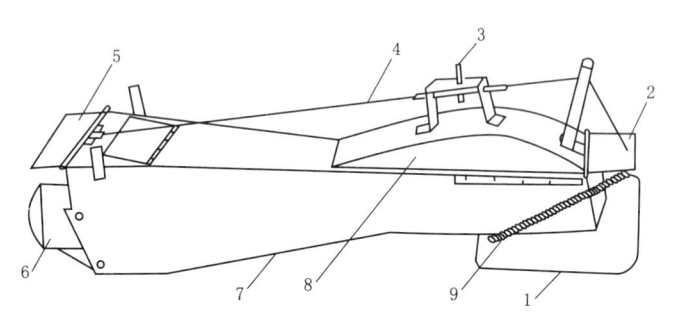

图 8.3 沙质推移质采样器
1—护板；2—前盖；3—抽针；4—拉线；5—后盖；6—浮筒；7—器身；8—铅块；9—弹簧

3. 普通床沙采样器

普通床沙采样器根据测验需要可在表层、次表层、深层河床质取样，一般测验仅在 10cm 内表层取样。常规使用的河床质采样器分拖刮式、抓挖式和挖斗式几个类型。对河床质采样器的主要技术要求是能采集到 10cm 深度内砂砾石及小卵石沙样，并要求在上提过程中不丢失沙样。

拖刮式采样器适用于沙质及小砾石河床，沿河床拖刮取样，当流速较大时，仪器自重要加重。钻压式仪器（包括锥式）适用于砂质河床。

抓挖式采样器分抓斗式和挖斗式。其中抓斗式是将 2 只张开的挖斗放到河底后再松开吊环，利用挖斗自重合拢成抓斗取样。

挖斗式采样器是现在国内外使用较多的一种深水、表层河床质采样器，器内安装能转动的挖斗，取样时利用弹簧或其他装置的拉力使挖斗转动伸出器外挖掘河床取样（图 8.4）。

污泥采样器是能深入泥层采集河流、湖泊、水库的水下沉积物、底泥的抓斗式采泥器（图 8.5）。

（1）规格材质：304 不锈钢；采样深度：0～30m；一次采样量：5L。

（2）用途：采集河流、湖泊、池塘、水库的水下沉积物（底泥、底质、污泥）。

（3）特点：采样方便、快捷。用户无须另外增加任何配件，在保证安全的前提下即可使用。

（4）标准配置：1 个抓泥斗、1 根绳索，容积 3L 或者 5L 可供选择。

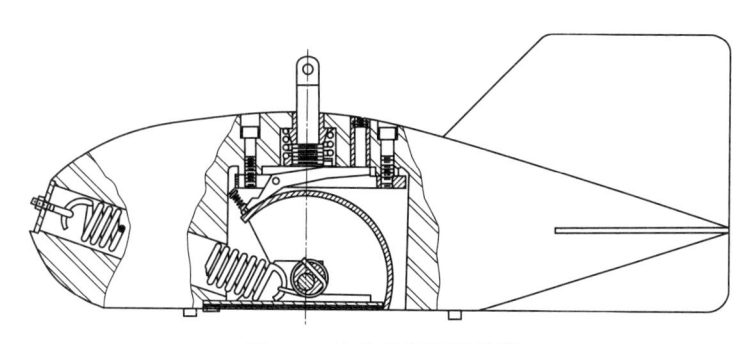

图 8.4 挖斗式床沙采样器

4. 手持式床沙采样器

手持式床沙采样器属于轻型设备,主要由一个人涉水操作。手持式采样器包括床面采样器和芯式采样器两类。

(1) 手持床面采样器。手持床面采样器包括圆柱采样器、管式戽斗采样器、袋式戽斗采样器、横管式采样器。

1) 圆柱采样器。圆柱采样器由一个金属圆筒组成。采样时圆筒插入河床表层围住被采面积,凭借自身的重量抵住水流。使用挖掘工具来取出带有沙样的采样器圆筒有助于减少沙样中的细粒受到的冲刷,采到的是扰动沙样,采集深度约为 0.1m。

2) 管式戽斗采样器。管式戽斗采样器由一段管子组成,管子的一端封闭,另一端截成切削口,在管顶安涉水持杆。将一个带铰链的盖板装在戽斗切削口的上面,盖板用绳子开启,利用弹簧关闭,如图 8.6 所示。

图 8.5 污泥采样器

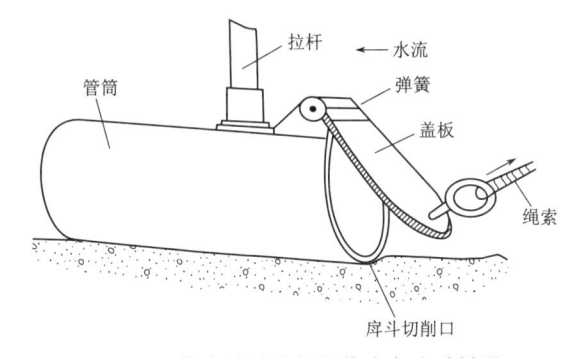

图 8.6 装有铰链盖板的管式戽斗采样器

将管式戽斗放入水中沿着河床推进拉开盖板进行采样,而后立即关闭,以此减少对沙样的冲刷。此方法采到的是扰动戽斗切削口沙样,一次采集量达 3kg,采集深度约为 0.05m。

3) 袋式戽斗采样器。袋式戽斗采样器由一个带有帆布口袋的金属圈和一根拉杆组成,拉杆与戽顶(金属圈)相连。使用时,将金属用力放入河床并向上游拖曳,直到口袋装满为止,如图 8.7 (a) 所示。当采样器提起时,袋口会自动封闭,如图 8.7 (b) 所示。此方法采到的是扰动沙样,一次采集量达 3kg,采集深度约为 0.05m。

4) 横管式采样器。图 8.8 为横管式采样器,主要由手持杆、连接管和横管等组成。

有时还将横管做成斜管，即横管与连接管间夹角小于90°，以利于在水中采集沙样。

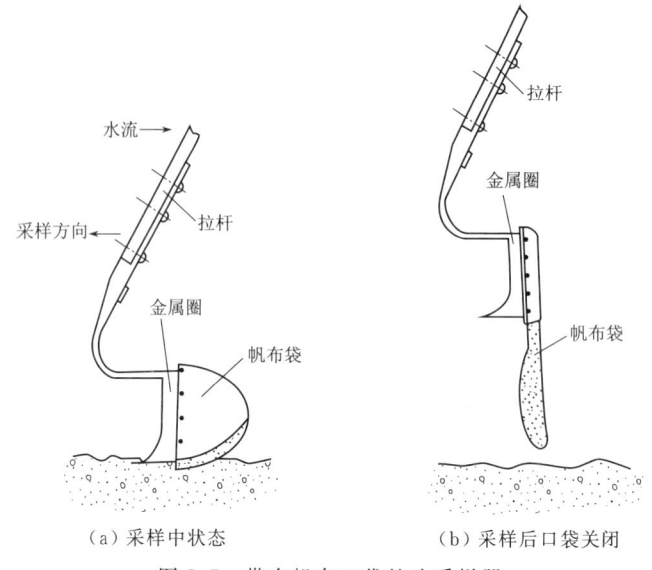

（a）采样中状态　　　　（b）采样后口袋关闭

图8.7　带有帆布口袋的斗采样器

（2）手持芯式采样器。手持芯式采样器由人工手持操作，可以取得较深处的河床床芯。包括插入型或锤入型取样器等，如图8.9所示。

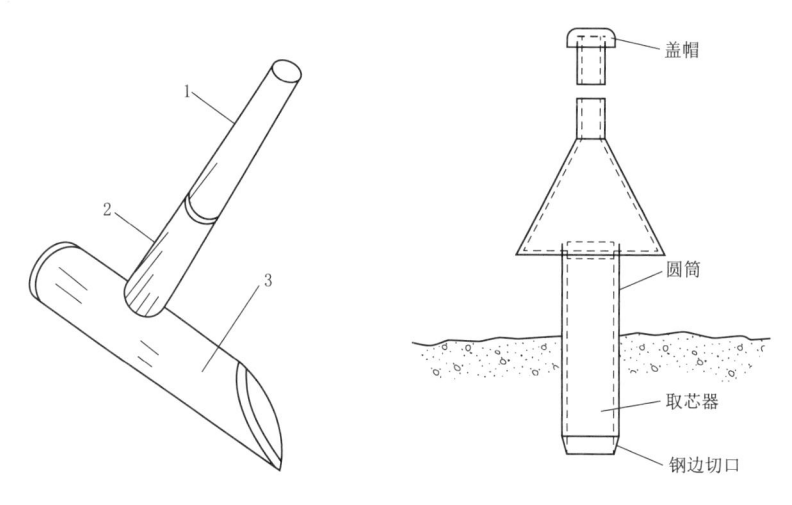

图8.8　横管式采样器结构示意图
1—杆连；2—接管；3—横管

图8.9　插入型或锤入型手持芯式采样器

使用时，将取样器或取样盒用力插入或锤入河床，然后掘取并提出沙样。可采用下列一种或多种方法来确保沙样采集成功。使用时在取样器或取样盒下面插入一块板后再提出。

1）在沙样上面制造一个"真空"状态。在取样器或取样盒插入河床后，沙样上面被水充满的空间可通过旋紧盖帽来封死，这样在提出收回时就形成了一个"真空状态"。

2）在圆柱形取样器的圆筒底部安装一组灵活的不锈钢花瓣状薄片组成的取芯捕集器，构成一个简单的机械单向控制装置，使得沙样只能进入圆筒，不能退出，有利于沙样采集。使用本方法，虽然颗粒总量不会受损，但沙样的组成和结构会受到干扰其最大穿透深度大约可达0.5m。

3）在圆柱形取样器的圆筒内加上一个活塞，当采样器进到预定深度时，活塞升到沙样之上并锁定。这样活塞之下就形成一个真空，在采样器提出河床时有助于保持圆筒内的沙样（图8.10）。

5. 轻型远距离操纵床沙采样器

这些采样器既可用手操作，又可在测船上使用。它们也包括床面采样器和取芯采样器。

（1）床面采样器。这类采样器有管式戽斗和袋式戽斗采样器、拖拉铲斗式采样器、轻型90°闭角抓斗式采样器、轻型180°闭角抓斗式采样器等。

1）管式戽斗和袋式戽斗采样器。管式戽斗和袋式戽斗的构造分别与手持式中描述的一样。不过可能大一些，杆子长些，戽斗上的拉杆可长达4m。在使用中一般必须将测船抛锚停泊。本方法采到的是扰动沙样，一次采集量达3kg，采集深度大约可达0.05m。本方法只适用于水深小于4m和流速小于1.0m/s的河道。

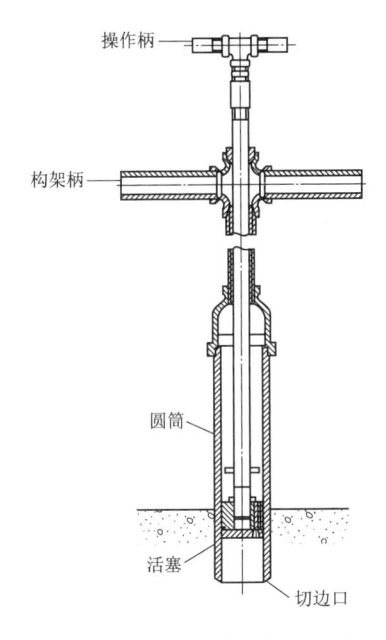

图8.10 带有活塞的插入型或锤入型圆柱芯式采样器

2）拖拉铲斗式采样器。这种采样器由一个重型铲斗或一个圆筒组成，圆筒的一端带喇叭形切边，另一端是一个存样容器。拖拉绳索连接在圆筒切边端的枢轴中心点，如图8.11所示。

使用时把设备放入河床，测船顺着水流缓慢移动而将其拖拉，将一定的重量附加到拉绳上，以确保切边与河床接触。这种方法采到的是扰动沙样，一次采集量达1kg，采集深度约为0.05m。

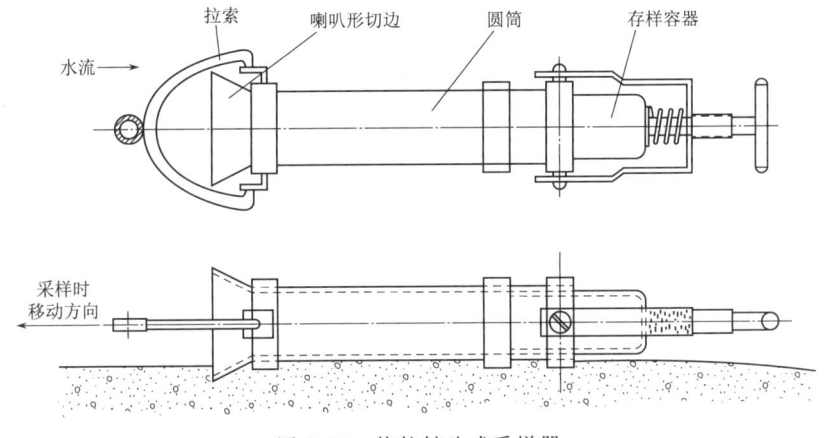

图8.11 拖拉铲斗式采样器

3）轻型90°闭角抓斗式采样器。这种采样器和装卸沙料的起重机抓斗一样，抓斗用绞车放下河底，抓斗在到达河底前始终打开，碰到河床后，抓斗合拢，抓采河床质。这种方法采到的经常是相对不受扰动的沙样，一次采集量达3kg，采集深度约为0.05m。

4）轻型180°闭角抓斗式采样器。在一个流线型平底外罩舱内，安装一个能在轴上转动的半圆筒抓斗和一根弹簧。当抓斗转入舱内时，弹簧绷紧。碰锁系统使得抓斗保持这一状态直到触及河底，绳索一松，弹簧使抓斗转动关闭，转动中挖取河床采样。采样器重量约为15kg。这种方法采到的是扰动沙样，一次采集量达1kg，采集深度约为0.05m。

（2）芯式采样器。这类采样器与手持式大致相同，只是大一些、杆长一些。采样器要在前后抛锚停泊的船上使用。对非黏性河床质没有扰动，但对黏性河床质会引起结构断裂。取芯器最大采集深度约为0.5m，每深入0.1m其采集量可达1.5kg。这种采样器很难用于流速大于1.5m/s的河道。

6. 远距离机械操纵采样器

为了要在河床表面或某一深度处采集较多沙样，或者要在大流速（大于1.5m/s）条件下采样，必须应用一些重型设备。在大小合适的船上（长大于5m）装上转臂起重机和绞车，这种设备通常无法在水深小于1.2m的河道上工作。

（1）床面采样器。

1）泊船挖掘器。泊船挖掘器是较大的袋式戽斗采样器，由一段直通的圆筒或矩形盒组成，圆筒的直径或矩形盒的边长可达0.5m。它的一端接有一个柔韧的厚重大口袋，另一端为带有切边的喇叭开口。一根牵引杆安装在开口处，并被固定在一根牵引索上，如图8.12所示。用测船牵引在河底采样。采到的是扰动沙样，一次采集量可达0.5t，采集深度约为0.1m。

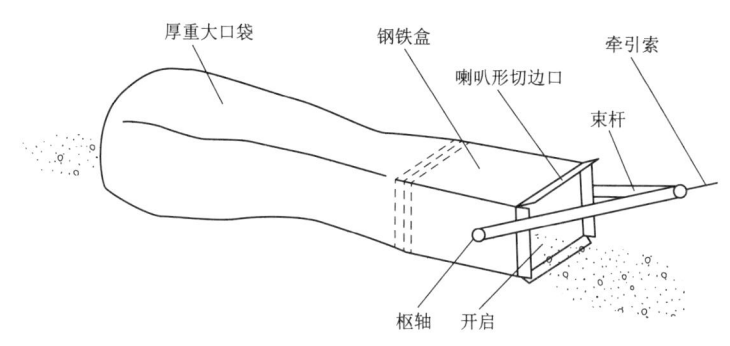

图8.12 泊船挖掘器

2）重型90°闭角抓斗式采样器。在结构上和轻型90°闭角抓斗式采样器一致。相对而言，该仪器采到的是无扰动沙样。这套设备采集深度约为0.15m，采集面积可达0.1m²。

3）重型180°闭角抓斗式采样器。这类采样器是轻型180°闭角抓斗式采样器的式样放大版。该仪器采到的是扰动沙样。这套设备采集深度约为0.1m，采集面积可达0.05m²。

（2）芯式采样器。这类采样器分为自重式采样器和自重架式采样器，使用圆形取芯管、方形取芯盒，利用重力使圆形取芯管、方形取芯盒穿入河床，由铅砣加重系统。根据主要基质的坚硬程度和需要达到的穿透深度来确定所需铅砣重量，最大可到1.0t。

一般安装取芯器帮助取样。自重式采样器在较大测船上使用，使用时将采样器下降到距河床一定距离处让它自由落下，穿入河床。然后，取芯器绞取河床质，采集量的多少依据取芯器和阀门下设定的"真空"量而定。在取回时必须垂直拉起，所以船也必须抛锚停泊。

自重架式采样器的基本构造与自重式采样器一样，只是添加了一个引导构架，它包括一个锥形垂直构架和一个环形水平构架。在采集前，构架支撑在河床上，引导取芯管盒垂直地进入沉积层。

一种振动式采样器具，也有与架式采样器同样的结构，只是在取样管顶端多一个电子振动器，以便增加对砂石层的穿透力。需要一条电力控制缆将取样管联系到装在船上的电源和控制开关。在所有的采样技术中，这一方法在砂岩质和砂砾质河床上具有最好的穿透力。

8.2 适用的水文环境

1. 推移质采样器的特点

推移质是一种沿河底呈间歇运动的输移泥沙。按其组成分为沙质、砾石卵石等。随着流速的变化，根据流域产沙地质、地表条件也可能组成沙砾石或砾卵石推移质。推移质泥沙对河床冲淤变化对修建港口、疏浚航道、兴建水利枢纽有重大影响，也是确定河流全沙输沙率不可缺少的一部分，由于推移质测量大多隶属于工程测量，且为数不多，这里仅作简单介绍。

压差式采样器利用水样进口断面与出口断面的动水压力差，调节水样进口流速接近天然流速，前端附加沉压式加重板或后端附加浮筒保证仪器口门能伏贴河床。

沉压式铁鱼采用上曲面平缓，下曲面凸出，形成上下曲面动水压力差制成沉压式铁鱼，沉压式铁鱼的沉压力随流速增大而自动增大，重量也随之增大，与相同重量的普通铅鱼相比，高流速时沉压式铁鱼的偏角相对要小，且更稳定，对江河水体也没有污染。

2. 推移质采样器的适用环境

压差式采样器适用于中小型河流砂质及小砾石河床，适用水深10m，平均流速3m/s，砂样重量15~25kg。

沉压式铁鱼与铅鱼相比，在重量相同的情况下，其体积更大。但沉压式铁鱼在高流速条件下产生随着流速增加而增大的自动增压效果，这使得它比铅鱼具有更好的定向稳定性。因此，所有泥沙采样器均采用沉压式铁鱼来提高采样的效率和准确性。

8.3 安装与使用

8.3.1 推移质采样器的使用要求

（1）沙质推移质采样器的口门宽和高一般应不大于100mm，卵石推移质采样器的口门宽和高应大于床沙最大粒径，但应小于或等于500mm。

（2）采样器的有效容积应大于在输沙强度较大时规定采样历时所采集的沙样容积。

(3) 采样器应有足够的重量，尾翼应具有良好的导向性能，稳定地搁置在河床上。

(4) 采样器口门要伏贴河床，对附近床面不产生淘刷或淤积。

(5) 器身应具有良好的流线型，以减小水阻力，仪器进口流速应与测点位置河底流速接近。口门平均进口流速系数值宜为 0.95～1.15。

(6) 取样效率高，采样效率系数较稳定，样品有较好的代表性，进入器内的泥沙样品不被水流淘出。

(7) 结构合理、牢固，维修简便，操作方便灵活。

(8) 便于野外操作，适用于各种水深、流速条件。

8.3.2 床沙采样器的使用要求

1. 沙质床沙采样器的使用要求

(1) 用拖斗式采样器取样时，牵引索上应吊装重锤，使拖拉时仪器口门伏贴河床。

(2) 用横管式采样器取样时，横管轴线应与水流方向一致，并应顺水流下放和提出。

(3) 用钳式、挖斗式采样器取样时，应平稳地接近河床，并缓慢提离床面。

(4) 用转轴式采样器取样时，仪器应垂直下放，当用悬索提放时，悬索偏角不大于 10°。

2. 卵石床沙采样器的使用要求

(1) 犁式采样器安装时，应预置 15°的仰角；下放的悬索长度，应使船体上行取样时悬索与垂直方向保持 60°的偏角，犁动距离可在 5～10m。

(2) 使用沉筒式采样器取样时，应使样品箱的口门逆向水流，筒底铁脚插入河用取样匀在筒内不同位置采取样品，上提沉筒时，样品箱的口部应向上，不使样品流失。

思 考 题

1. 推移质泥沙采样器的适用范围和各种类型的优缺点有哪些？
2. 床沙采样器在大水深情形下的控制难点？

第 9 章　激光粒度分析仪

　　泥沙是由许多不同粒径的沙砾组成，为确定泥沙中各种粒径所占的比例，应进行泥沙颗粒分析。泥沙颗粒分析就是把所取泥沙沙样中各种粒径组的干沙重占总沙重的百分数确定出来，由试验分析的资料绘制出泥沙颗粒级配曲线和计算出泥沙颗粒级配的断面平均粒径、平均沉速及其他特征值等工作。

　　泥沙颗粒分析方法可分为直接量测法和水分析法两类。直接量测法主要有尺量法、筛分析法；水分析法主要有沉降法和激光法。表 9.1 列出了泥沙颗粒分析方法及其适用范围。激光法即是激光粒度分析仪法的简称。

表 9.1　　　　　　　　泥沙颗粒分析方法及其适用范围

分类	方法	仪器	测得粒径类型	粒径范围/mm	沙量/g	质量比浓度/%	规格条件
直接量测法	尺量法	量具	三轴平均粒径	>64.0	—	—	0.1mm 卡尺
直接量测法	筛分析法	分析筛	筛分粒径	2.0～64.0	—	—	圆孔粗筛，框径 200/400mm
直接量测法	筛分析法	分析筛	筛分粒径	0.062～2.000	1.0～20.0	—	编织筛，框径 90/120mm
直接量测法	筛分析法	分析筛	筛分粒径	0.062～2.000	3.0～50.0	—	编织筛，框径 120/200mm
水分析法	沉降法	沉降粒径计	清水沉降粒径	0.062～2.000	0.05～5.0	—	管内径 40mm，管长 1300mm
水分析法	沉降法	沉降粒径计	清水沉降粒径	0.062～1.000	0.01～2.0	—	管内径 25mm，管长 1050mm
水分析法	沉降法	吸管	混匀沉降粒径	0.002～0.062	—	0.05～2.0	量筒 1000/600mL
水分析法	沉降法	光电颗分仪	混匀沉降粒径	0.002～0.062	—	0.05～0.5	
水分析法	沉降法	离心沉降颗分仪	混匀沉降粒径	0.002～0.062	—	0.05～0.5	直管式
水分析法	沉降法	离心沉降颗分仪	混匀沉降粒径	<0.031	—	0.5～1.0	圆盘式
水分析法	激光法	激光粒度分析仪	衍射投影球体直径	2×10^{-5}～2.000	—	—	烧杯或专用器皿

　　激光粒度分析仪，作为泥沙颗粒分析中的一项关键技术，在 20 世纪 70 年代由美国的科学家发明。随着技术的进步，激光粒度分析仪的测量范围扩展到了亚纳米至微米级别，全面覆盖了各种尺寸的颗粒测量需求。*Particle size analysis—Laser diffraction methods*（ISO 13320：2020）标准的制定，进一步规范了激光粒度分析仪的基本要求，尤其是在亚微米粒子分布测量中。激光粒度仪因其快速的测试速度和广泛的测量动态范围，在粉体行业中已经取代了传统的筛分法和沉降法粒度分析仪，成为行业的首选，自从 2000 年，激光粒度分析仪被引入水文行业以来，在泥沙颗粒分析工作中逐渐发挥着越来越大的作用。本章主要以 Malvern 仪器公司 MS2000 型激光粒度分析仪为例，进行介绍。

第9章 激光粒度分析仪

9.1 工作原理及仪器构造

9.1.1 工作原理

激光粒度仪是根据颗粒能使激光产生散射这一物理现象测试粒度分布的。由于激光具有很好的单色性和极强的方向性,所以一束平行的激光在没有阻碍的无限空间中将会照射到很远的地方,并且在传播过程中很少有发散的现象。

散射理论表明,当光束遇到颗粒阻挡时,一部分光将发生散射现象,散射光的传播方向将与主光束的传播方向形成一个夹角(θ),夹角的大小与颗粒的大小有关,颗粒越大,产生的散射光的夹角就越小;颗粒越小,产生的散射光的夹角就越大。即小角度的散射光是由大颗粒引起的;大角度的散射光是由小颗粒引起的,散射光的强度代表该粒径颗粒的数量。这样,测量不同角度上的散射光的强度,就可以得到样品的粒度分布。

为了有效地测量不同角度上的散射光的光强,需要运用光学手段对散射光进行处理。如在光束中的适当的位置上放置一透镜,在该透镜的后焦平面上放置一组多元光电探测器,这样不同角度的散射光通过透镜就会照射到多元光电探测器上,将这些包含粒度分布信息的光信号转换成电信号,并传输到电脑中,通过专用软件对这些信号进行处理,就会准确地得到所测试样品的粒度分布。目前,水文系统用得较多的为 Malvern 仪器公司 MS2000 型、MS3000 型激光粒度分析仪和百特 Bettersize2600、3000 激光粒度分析仪等。

下面以 Malvern 仪器公司 MS2000 型激光粒度分析仪为例,其原理结构如图 9.1 所示。

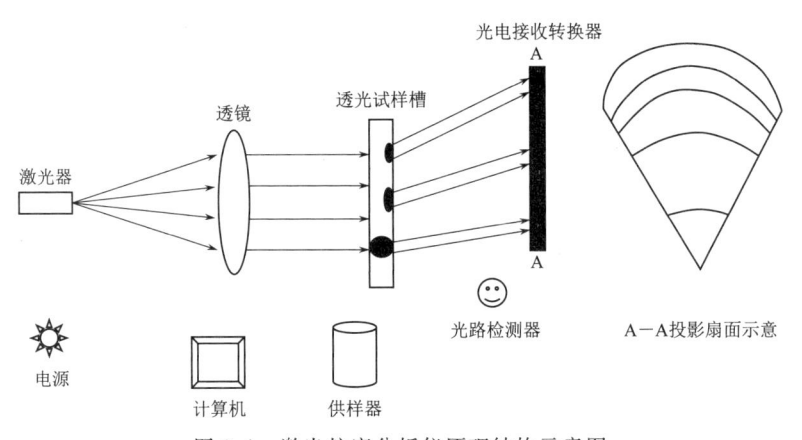

图 9.1 激光粒度分析仪原理结构示意图

MS2000 型激光粒度分析仪配置两只激光器,一只波长 λ 为 632.8nm(红光)、一只波长 λ 为 466nm(蓝光)。因为瑞利(Lord. J. W. S. Rayleigh)散射的强度与直径的 6 次方成正比,与波长的 4 次方成反比,细颗粒的瑞利散射较弱,要提高细颗粒散射的强度,就得用小波长的光,所以蓝光适于分析很细的颗粒。仪器对激光器的稳定性要求较高。MS2000 型激光粒度分析仪的启动达稳时间为 15min。

光路在透光试样槽（样品盒）之前的部分可等效为一个傅立叶光信息变换的透镜，激光器放在焦点上，激光通过后成为平行光，平行光射入进样器将相同粒径颗粒衍射、散射的平行光聚集在焦平面的特定位置，而将不同粒径颗粒衍射、散射的非平行光聚集在焦平面的不同位置，呈规律性分布，以实现按粒径分离的颗粒分析。

从原理上说衍射光束在某个方向（此为水平方向）的衍射弥散角与光孔（阻）在该方向的线度（a）呈反比关系，即有

$$a\theta = \lambda \tag{9.1}$$

式中　θ——衍射弥散角；

　　　a——光孔（阻）在该方向的线度；

　　　λ——波长。

波长确定后，颗粒的线度（a）从大到小与弥散角（θ）从小到大的变化相应，光信号接收与光电转换器的安置也应与之相应，即大 a 的颗粒的检测器可以短、少（或灵敏度低）些，小 a 的颗粒的检测器需要长、多（或灵敏度高）些。通常的一种方法是，在光路中将收集衍射、散射的投光面设计成一个扇形（实际在垂直光轴方向可不在同一平面），依投影扇面的布局设置多级条形光电检测器，并从下向上逐步加长，接收从大到小各级颗粒的衍射、散射的光信号，以适应弥散角从小到大的变化。

激光粒度分析仪考虑光电检测器接收的能流密度和节省仪器整体空间后，光电检测器的布置和器件选择相当复杂。一般在扇形宽范围由前向、侧向、背向三维多元固体硅光电检测器群组、暗场光学标线和多元自动快速光路准直系统组成。其特点是非均匀排列，检测器灵敏度随角度增大而提高；对落出主检测器的小粒子散射光，用副检测器使接受角由 40°提高到 135°，从而实现了全量程直接测量各种真实粒径，分辨率大为提高的目标。

设计光信号接收与光电转换器时，为了提高颗粒粒径分析的分辨率，光电检测器的级数应多些，但每个光电检测器的信号强度又不能小。研究认为，在 0.02~2000μm 粒径范围，按激光粒度分析仪的模型，布置约 50 级光电检测器是合适的。

光电检测器通过接口外接计算机，由计算机接收并处理数据信号。

MS2000 型激光粒度分析仪适于分析 0.020~2000μm 的颗粒。透光试样槽是一个透光的中空薄槽，其与光路正交方向的槽宽约 3000μm，大于 2000μm 的颗粒一般不能进入透光试样槽，实际试样中若有大于 2000μm 的颗粒，应先进行筛分析，将大于 2000μm 的颗粒分出。透光试样槽与光路正交方向的槽宽制作得很窄，也是为了避免颗粒层叠而产生多次散射。

9.1.2　仪器构造

MS2000 激光粒度分析仪由主机、供样器、微计算机 3 部分集成件组成（图 9.1）。

（1）主机的主要部件包括激光器（光源）、透光试样槽（样品盒）、光路光具（光学透镜等）、光信号接收与光电转换器、光路系统监控器以及电源等。

（2）供样器的作用就是将样品分散混匀，并传送到主机以便于测量。它是可选配的一个系列，有全自动的湿法和干法供样器，半自动及小样供样器等。湿法供样用液体（水）作分散剂，水泵驱动循环；干法供样用空气作分散剂，空气压缩机驱动；小样供样器也用液体（水）作分散剂，只是试样和分散剂用量都很少，适于贵重样品或小样品。

标识为 Hydro2000G 的湿法供样器，是泥沙颗分的基本供样器，主要部件包括试样池、试样泵、螺旋桨搅拌器、超声分散器、向试样槽供样和退样的循环管路以及试样池与供、退液体分散介质（泥沙粒度分析分散介质为水）的连接管路等。其最大优势是可设置为自动测量模式（SOP）。

（3）激光粒度分析仪外配微计算机，通过硬件、软件接口与主机、供样器集成件联结，激光粒度分析仪配置有专用软件。计算机发出指令和接收信息，监控激光粒度分析仪的工作。

9.2 仪器设备及要求

（1）激光法使用的仪器为激光粒度分析仪，基本设备应有光学测量系统、样品分散进测系统、计算机（含软件），以及备样配样辅助设备。

（2）光学测量系统应符合以下要求：

1）高稳定的激光器，精密的光路，便于清洗的样品检测窗。

2）测量机构可调整光闪烁检测频率。

3）灵敏可靠一致性良好的光信号感测组件，信号感测（快照）频率应与光闪烁检测频率相同且同步。

4）重复性和准确性误差不超过仪器限定值。

5）光学测量系统与样品分散循环系统应方便对接，后者的运转不干扰前者的测量。

6）光学测量系统与计算机信号传输良好。

7）整体结构稳固并便于维护维修。

（3）样品分散循环系统应符合以下要求：

1）配备速度可调的搅拌器和循环泵、强度可调的超声波分散器，其单件或组合件应牢固且运转灵活。

2）配备样品分散循环系统与测量检测窗连通的管路。

3）配备贮样容器或容量 500/600/1000mL 的烧杯。

4）配备与计算机连接的控制机构。

5）便于清洗、维护与维修。

（4）计算机及软件应符合以下要求：

1）计算机的配置应能满足仪器操控和粒度分析专用软件运行的要求。

2）粒度分析专用软件和通用软件之间信息交换顺畅。

3）粒度分析专用软件应具有即时显示检测进程信息，提供问询的对话窗口，有设计描述成果和用户报告等功能。

9.3 仪器使用

1. 激光粒度分析仪的工作过程

激光粒度分析仪工作的大致过程是：激光器发出的单色光，经光路变换为平面波的平行光，射向光路中间的透光试样槽（样品盒），分散在介质中的大小不同颗粒遇光发生不同角度的衍射、散射，衍射、散射后产生的光投向布置在不同方向的分立的光信息接收与光电转换器，光电转换器将衍射、散射转换的信息传给微计算机进行处理，转化成粒子的分布信息。

对湿法供样器，透光试样槽外接供样器循环系统，循环系统输送分散在液体分散剂中的颗粒到透光试样槽循环。在设定的分析时间内，一个颗粒可多次循环通过进样器，加之激光器和光信号接收与光电转换器可以每秒千多次的频率发射和接收，因此同一颗粒可很多次地得到测量分析。

激光粒度分析仪的测量成果可由计算机输出，通常用颗粒粒径体积丰度级配频率分布图与颗粒粒径体积丰度级配频率分布数表来表达。

2. 激光粒度分析仪使用步骤

（1）开机顺序和预热时间应按仪器要求进行。

（2）对仪器进行运行状态检查。

（3）设计运行进程和组织成果文档。

（4）设备（或调整）率定的参数值。

（5）输入样品名称、来源，室内温度、湿度等相关信息。

（6）往贮样容器加入符合规定的分散介质（水），并对其进行背景测量，观察进程和结果，若背景值偏大，应按要求进行光路校准或光路清洁或更换高质量的分散介质（水）。

（7）将一次抽取的有充分代表性的样品完全加入贮样容器中，应保证加入1～3次达到遮光度要求的范围（粗沙样的遮光度取正常范围上限，细沙样的遮光度取正常范围下限），然后进入实际测量。

（8）可重复测量3次，观察成果数据与图形，级配曲线吻合良好即作为分析结果，差异较大时应及时查找原因，采取排除气泡、杂质，超声分散或重新取样分析等措施，直至数据一致。

（9）储存（自动储存）测量结果，完成一个样品的粒度检测。

（10）清洁系统，去除粒子残留，为下次粒度检测做好准备。

（11）某样品组粒度分析完毕，应将数据按要求输出并备份。

（12）工作完成或告一段落，按仪器要求顺序关机。

3. 粒径分析成果描述

（1）颗粒粒径。激光粒度分析仪测出的是颗粒荧光方位的特征尺度（投影粒径），并由此代表特征球径 D。由于许多颗粒和同一颗粒的不同方位态在激光粒度分析仪透光试样槽中的复杂分布与不停运动，加之频率极高的信号采样快照，使得光信号接收与光电转换器中的各光电检测器，在分析时段收到的是一个窄带特征尺度 D 的混合平均。这与实际测量不规则大颗粒体时常用多方位的线度平均表征其体积当量等效球径的方法在概念上是一致的，也与筛分法的多状筛情况相近。这一粒径常被看作与颗粒体积当量等效的球体直径，并用公式 $V=\pi D^3/6$ 计算颗粒体积。

（2）样本颗粒群中颗粒粒径级配的表达。激光粒度分析仪测量成果以样本颗粒群中颗粒粒径级的丰度级配度量，通常用某粒径级的颗粒体积占样本总体积的比例频率描述，表达为某粒径级体积占样本颗粒群体积的百分数或小于某粒径部分体积占样本颗粒群体积的百分数。与水文泥沙界通常用某粒径级的颗粒质量占样本总质量的比例的描述相比，在物质（泥沙）密度确定时是一致的。事实上，对具体区域和一般工程，总是将泥沙密度取确定值。

在计算机处理后，粒径丰度级配频率分布可以颗粒粒径为横坐标，以分级颗粒粒径体积（质量）占样本体积（质量）的比例（百分数）为纵坐标的坐标系中的分布曲线描述，称为颗粒粒径体积（质量）频率分布图；也可用以颗粒粒径为横坐标，以小于（大于）某粒径体积（质量）占样本体积（质量）的比例（百分数）为纵坐标的坐标系中的曲线描述，称为颗粒粒径体积（质量）累积频率分布图。由累积频率分布图可查读 d_{50}、d_{75}、d_{85}、d_{90}、d_{100} 等特征粒径。

9.4 仪器校准与参数率定

1. 仪器校准

（1）仪器使用标准粒子进行自校准频次应符合以下要求：

1）新购仪器和校准周期的对应日。

2）仪器在运行过程中，检测数据有可疑现象发生时。

3）仪器出现较大故障维修后。

4）仪器脱离了分析室的直接控制及返回后。

（2）可用次级标准物质进行仪器期间核查，应符合下列规定：

1）次级标准物质的确认：应选用稳定性好、灵敏度高的样品（如棕刚玉、金刚石微粉等磨料），对其进行重复测量 20 次，若特征值 D_{10}、D_{50} 及 D_{90} 的标准差优于或等于标准粒子，则可确定为次级标准物质。

2）定期或对仪器运行有疑问时，可采用次级标准物质进行仪器期间核查。

3）期间核查采用等准确度法。

4）期间核查的准确度误差宜控制在特征值 D_{10}、D_{50} 及 D_{90} 的相对误差限为 $\pm 3\%$。

2. 参数率定

新购仪器应对仪器泵速和搅动速度、超声分散时间和强度、检测数据采集时间、遮光度（检测浓度）、颗粒物质折射率和吸收率、分散剂（水）折射率等参数进行率定，率定参数可存记引用。测试泥沙的参数率定方法步骤宜符合以下要求：

（1）选取具有代表性且特征组成稳定的泥沙样品细（$D_{50} \leqslant 0.025$ mm）、中（0.025 mm$< D_{50} < 0.050$ mm）、粗（$D_{50} \geqslant 0.050$ mm）各 3 个。

（2）确定对测量结果产生影响的参数 N_1，N_2，…，N_i。

（3）对某一个泥沙样品，率定参数 N_1 时，将其余 $i-1$ 个参数，分别固定在仪器厂商提供的经验值上，对参数 N_1 在允许取值范围内分成若干档进行测量，获取一系列级配数据。在同一坐标系套绘这些系列数据的级配曲线，选取曲线基本重合且小于某粒径沙量百分数的互差不大于（2）所对应的参数档范围作为这个参数的合适取值范围。

(4) 率定参数 N_2 时，将已经率定完成的 N_1 在合适取值范围内取中值，其余 $i-2$ 个参数分别固定在仪器厂商提供的经验值上，按照上述操作完成率定过程，选取参数 N_2 的合适取值范围。剩余参数的率定依照此方法确定。

9.5 故障与处理

1. 激光器相关问题

激光器不工作或光强不足是使用过程中可能遇到的一个问题。这可能是由于激光器老化或损坏、光路被灰尘或污垢遮挡，或激光器电源故障造成的。解决这些问题的方法包括检查并确保激光器的电源和连接正常，清洁光路中的镜头和窗口以去除灰尘或污垢，以及在激光器老化或损坏时联系厂家或专业技术人员进行更换。

2. 样品分散问题

样品分散不均匀也是一个常见问题，可能的原因包括样品未充分混合、分散介质不适合样品或分散器堵塞。解决措施为确保样品充分混合并均匀分散，根据样品性质选择合适的分散介质，并定期检查和清理分散器以防止堵塞。

3. 数据稳定性问题

数据不稳定或重复性差可能是由于仪器校准不准确、样品量不稳定或取样方法不正确，以及环境干扰如振动或电磁干扰引起的。定期校准仪器、保证每次取样量一致并采用正确的取样方法，以及尽量减少环境干扰，可以提高数据的稳定性和重复性。

4. 通信问题

计算机与仪器之间的通信故障可能由数据线连接不良或损坏、通信端口设置错误或软件问题引起。解决方法包括检查数据线连接并更换损坏的线缆、检查并设置正确的通讯端口，以及重启或重新安装软件以确保软件版本兼容。

5. 软件性能问题

软件崩溃或运行缓慢可能是由于计算机配置低或运行资源不足，或软件版本不兼容造成的。升级计算机配置以确保有足够的内存和处理能力，以及检查并使用最新且兼容的软件版本，可以提高软件的性能。

6. 测试结果准确性问题

测试结果出现较大偏差可能是因为使用了不准确或过期的标准样品，或者测试方法不正确、操作不当。解决这一问题需要使用新的、经过认证的标准样品进行校准，并确保操作人员经过培训，按照标准操作流程进行测试。

思 考 题

1. 简述激光粒度分析仪原理结构。
2. 直接测量法和水分析法进行泥沙颗粒分析的基本原理分别是什么？

附录 A 流量测验仪器的选择

根据《河流流量测验规范》（GB 50179—2015）以及 ISO 18365：2013，流量测验可根据测站水沙特性变化、测验精度、资料整编要求和交通线路等情况，采用驻测、巡测、间测等方式。有流量测验任务的测站，在确定测验方式的基础上，可根据测验河段条件和技术水平，选择适合本站特性的测验方法、仪器与工具。

A.1　一　般　要　求

（1）满足下列条件的，可采用流速仪法：

1）断面内大多数测点的流速不超过流速仪的测速范围。

2）垂线水深不应小于用一点法测速的必要水深。

3）在一次测流的起讫时间内，水位涨落差不应大于平均水深的10%；水深较小和涨落急剧的河流不应大于平均水深的20%。

4）流经测流断面的漂浮物不应影响流速仪的正常运转。

（2）满足下列条件的，可采用浮标法：

1）流速仪测速困难或超出流速仪测速范围和条件的高流速、低流速和小水深等情况的流量测验。

2）垂线水深小于流速仪法中一点法测速的必要水深。

3）水位涨落急剧，使用流速仪测流的水位涨落差超过《河流测量测验规范》（GB 50179—2015）第4.3.2条第3款的规定。

4）水面漂浮物太多，影响流速仪的正常旋转。

5）出现分洪、溃口洪水。

（3）满足下列条件的，可采用比降面积法：

1）高洪期断面较为稳定，水面比降较大的测验河段。

2）水位涨落急剧，水深小、漂浮物多，不宜使用流速仪法、浮标法测流时。

3）洪水超出测站的测洪能力。

4）因洪峰漏测，需要进行洪水调查推算洪峰流量。

5）洪水超出允许水位变幅的巡测站、间测站。

（4）其他方法与适用条件：

1）测验河段在非高含沙量或清水区域时，可采用声学多普勒法。

2）测验河段内有各种坝、闸、泵站等水工建筑物，且流量与有关水力因素之间存在稳定的函数关系的，可采用水工建筑物法。

3）量水建筑物法，包括各种量水堰和量水槽。适用于水面不宽、水量不大、比降较大、含沙量较小的河段。

4）含沙量较小、悬浮物较少、测验河段顺直，且无水草生长和气泡的河段，可采用时差法。

5）测验河段水草丛生、漂浮物较多的，可采用电磁法。

6）对于水量较小、断面不稳定、水流紊动较强的河段，可采用稀释法（又称化学法）。

7）因水流而引起水位及河段蓄水量的变化，且测验河段的进出口可以控制的，可采用容积法。

8）超出常规手段的高洪流量测验，无固定测流设施的水量调查，可采用电波流速仪法。

（5）此外，在设立测站与进行测站运行管理之前，还需要明确以下内容，以便选择合适的测验方式、方法与设备。

1）水位、流量、含沙量的变化范围与涨落情势，以及当地的气候环境特征。

2）对水文要素类型、精度、序列长度的需求情况，其他可能对水文数据有需求的用户。

3）测站预期的使用期限，各种水情条件下能否顺利抵达测站。

4）电力与通信保障情况，设备设施被人为破坏的可能。

5）堤岸的稳定性，河道内的水生植物情况，喀斯特地貌区的径流渗漏以及寒冷地区的冰冻情况。

6）上下游地区是否有修建会影响水文要素规律的工程的规划，包括桥梁、隧道、穿河工程、码头、桥墩等，下游建筑引起的回水情况，比如湖泊、水库、堰闸。

7）预算以及土地使用许可情况。

A.2　各种测流方案的适用情况与可选用的仪器设备

在实际工作中，可参考表 A.1 给出的适用于限制条件，结合测站实际情况制定测流方案、方法，并选择相应的仪器。

表 A.1　　　　　　　　适用于各类流量测验仪器的条件

方法	仪器	ISO	河宽	水深	流速	含沙量	适用条件	用时	备注
流速仪法	旋桨式流速仪	ISO 748、ISO 2537	L, M, S	L, M, S	L, M, S		a, b, c, d	I, J, K	A, B, C, D, E
	旋杯式流速仪	ISO 748、ISO 2537	L, M, S	L, M, S	L, M, S	H	a, b, c, d	I, J, K	A, B, C, D, E
声学时差法	时差法声学流速仪	ISO 6416	L, M, S	L, M, S	L, M, S	Q	c, d	G, I	R, T, N
声学多普勒法	走航式 ADCP	ISO 24578	L, M, S	L, M, S	L, M, S	H, Q	b, c	I, J	E
	H-ADCP	ISO 24578	L, M, S	L, M, S	L, M, S	H, Q	c, d	G, I	T, N
	V-ADCP	ISO 24578	S, M	M, S	L, M, S	H, Q	c, d	G, I	T, N
	ADV	ISO 24578	L, M, S	L, M, S	L, M, S		c, d	I, J	D, E
浮标法	电子浮标	ISO 748	L, M, S	L, M, S	L, M, S		c, d	I, J	F

附录 A 流量测验仪器的选择

续表

方法	仪器	ISO	河宽	水深	流速	含沙量	适用条件	用时	备注
电波流速仪	手持式电波流速仪	ISO 748	L, M, S	L, M, S	L, M, S		c, d	I	
	缆道式雷达流速仪	ISO 748	L, M, S	L, M, S	L, M, S		c, d	I	N
	固定式雷达流速仪	ISO 748	L, M, S	L, M, S	L, M, S		c, d	G, I	T, N

注 表中各字母符号含义见表 A.2。

表 A.2 表 A.1 中符号的注释

a	水流不发生横向流
b	河渠内没有水生植物
c	河渠相当顺直，且断面均匀
d	能建立起符合精度要求的代表流速与断面平均流速的关系
A	对于流速面积法，观测 0.6 倍水深处的流速，或采用两点法，不确定度可达 5%
B	对于流速面积法，观测水面流速，不确定度可达 10%
C	由于距离和干、湿绳的影响，需要修正
D	由于桥墩影响而产生较大误差
E	由于测船的漂移、阻水和剧烈的动作，会引起较大误差
F	只有在风的影响很小，并且没有其他因素干扰的条件下，建议采用这种方法。这些条件可能会发生很大变化，以后不能给出代表性的精度数值，但通常此法的精度低于传统的流速仪法而高于比降面积法
G	适用于测次频密的测流方法
H	不允许高浓度含沙量
I	测流速度快（小于 1h）
J	测流速度慢（1～6h）
K	测流速度非常慢（超过 6h）
L	大宽度（超出 50m）或高流速（超过 3m/s）或大水深（超过 5m）
M	中等宽度（5～50m）或中等流速（1～3m/s）
N	可用于遥测或在线监测
Q	为避免超声波信号的太大损失，应保持低含沙量，水流应无气泡
R	可用于杂草丛生和变动河床的河流
S	小宽度（小于 5m）或小水深（小于 1m）或低流速（小于 1m/s）
T	测流断面稳定

主 要 参 考 文 献

[1] Asit K. Biswas. 水文学史［M］. 刘国纬，译. 北京：科学出版社，2007.
[2] 中华人民共和国水利部. 河流流量测验规范（GB 50179—2015）［S］. 北京：中国计划出版社，2015.
[3] 中华人民共和国国家市场监督管理总局，中华人民共和国国家标准化管理委员会. 转子式流速仪（GB/T 11826—2019）［S］. 北京：中国标准出版社，2019.
[4] 姚永熙. 水文仪器与水利水文自动化［M］. 南京：河海大学出版社，2001.
[5] 金福一，杨威，陈媛媛. 转子式 LS25-1 型流速仪故障分析［J］. 黑龙江水利科技，2009，37（006）：72-72.
[6] 谢悦波. 水信息技术［M］. 北京：中国水利水电出版社，2009.
[7] 郑建民，杨祯祥，郑飞. 洪水期浮标法测流应用研究［J］. 东北水利水电，2016，（2）：33-34.
[8] 孙健，郭海华. 浮标测流系数确定方法的探讨［J］. 吉林水利，2011（10）：23-24，27.
[9] 陈彦平. 小浮标测流系数试验研究［J］. 水文，2009，29（2）：71-73.
[10] 朱晓原，张留柱，姚永熙. 水文测验实用手册［M］. 北京：中国水利水电出版社，2013.
[11] 中华人民共和国住房和城乡建设部. 河流悬移质泥沙测验规范（GB/T 50159—2015）［S］. 北京：中国计划出版社，2015.
[12] 中华人民共和国水利部. 河流泥沙颗粒分析规程（SL 42—2010）［S］. 北京：中国水利水电出版社，2010.
[13] 中华人民共和国国家质量监督检验检疫总局，中国国家标准化管理委员会联合发布. 河流泥沙测验及颗粒分析仪器基本技术条件（GB/T 27991—2011）［S］. 北京：中国计划出版社，2011.
[14] 中华人民共和国水利部. 河流推移质泥沙及床沙测验规程（SL 43—92）［S］. 北京：水利电力出版社，1992.
[15] 中国水利学会. 电波流速仪（T/CHES 31—2019）［S］. 北京：中国水利水电出版社，2019.
[16] 林祚顶. 水文现代化与水文新技术［M］. 北京：中国水利水电出版社，2008.
[17] 秦福清. 雷达波流速仪在中小河流流量测验中的应用分析［J］. 水利信息化，2012（4）：42-48.
[18] 陈金浩，吕耀光. ADCP 在断面流速流向分布测验中的应用［J］. 武汉：水电能源科学，2012，30（10）：51-53，86.
[19] 杜海波. 高杆架设、地面操作式浮标投放器的研制与应用［J］. 甘肃水利水电技术，2004，40（1）：48，50.
[20] 邢杰炜. 无线射频遥控浮标投掷器的研制和应用［J］. 水文，2012，32（4）：71-73.
[21] 国际标准化组织. ISO 2537—2007，Hydrometry—Rotating-element current-meters, International Organization for Standardization［S］. 2007.
[22] 国际标准化组织. ISO 24578—2021，Hydrometry—Acoustic Doppler profiler—Method and application for measurement of flow in open channels from a moving boat［S］. 2021.
[23] 国际标准化组织. ISO 15769—2010，Hydrometry—Guidelines for the application of acoustic velocity meters using the Doppler and echo correlation methods［S］. 2010.
[24] 国际标准化组织. ISO 6416—2017，Hydrometry—Measurement of discharge by the ultrasonic transit time (time of flight) method［S］. 2017.

主 要 参 考 文 献

[25] 国际标准化组织. ISO 748—2021, Hydrometry—Measurement of liquid flow in open channels—Velocity area methods using point velocity measurements [S]. 2021.

[26] 国际标准化组织. Hydrometry—Selection, establishment and operation of a gauging station [S]. 2013.

[27] 赵文林. 用清水检定流速仪公式计算浑水流速所产生的误差 [J]. 人民黄河, 1982 (4): 24-28.

[28] 夏淑文, 牛军生. DLY-95 光电颗分仪优越性的分析 [C]. //中国水力发电工程学会水文泥沙专业委员会. 中国水力发电工程学会水文泥沙专业委员会第四届学术讨论会论文集. 2003: 291-292.

[29] 戴建国, 裘家骅, 张巨波. 江河泥沙测验仪器的研究与发展 [C]. //中国水力发电工程学会水文泥沙专业委员会第四届学术讨论会论文集. 2003, 293-297.

[30] 裘家骅. 江河悬移质泥沙测验仪器 [J]. 水利水文自动化, 1996 (1): 22-29.